蒸菜真健康

甘智荣◎主编

黑龙江科学技术出版社
HEILONGJIANG SCIENCE AND TECHNOLOGY PRESS

图书在版编目（CIP）数据

蒸菜真健康 / 甘智荣主编. -- 2版. -- 哈尔滨：黑龙江科学技术出版社，2020.2（2024.10重印）
ISBN 978-7-5719-0274-2

Ⅰ.①蒸… Ⅱ.①甘… Ⅲ.①蒸菜-菜谱 Ⅳ.①TS972.12

中国版本图书馆CIP数据核字(2019)第188890号

蒸菜真健康
ZHENGCAI ZHEN JIANKANG

主　　编	甘智荣
责任编辑	王　研
封面设计	单　迪
出　　版	黑龙江科学技术出版社
	地址：哈尔滨市南岗区公安街70-2号
	邮编：150007
	电话：（0451）53642106
	传真：（0451）53642143
	网址：www.lkcbs.cn
发　　行	全国新华书店
印　　刷	运河（唐山）印务有限公司
开　　本	710 mm×1000 mm　1/16
印　　张	10
字　　数	120千字
版　　次	2020年2月第2版
印　　次	2024年10月第6次印刷
书　　号	ISBN 978-7-5719-0274-2
定　　价	39.80元

【版权所有，请勿翻印、转载】

PREFACE 序言

世界之大,唯有爱和美食不可辜负。

如果没有爱,那么,每个人都只能说是行尸走肉;而如果没有美食,那么,在单调重复的日子里,少了酸甜苦辣咸的调剂,少了浓香鲜嫩的渲染,生活又将是何等乏味。

你是否有这样的感受,在远去的岁月里,有许多东西已经渐渐模糊,但是那些关于酸甜苦辣咸的味觉记忆,和昏黄灯光下妈妈炒菜的身影、清晨薄雾中小摊上蒸腾的阵阵热气交织在一起,愈加珍贵。

品尝美食是幸福的,殊不知,为爱的人亲手做出一份独一无二的美味,那种幸福,同样无与伦比。

也许你想在某个清晨煮上一碗清粥,让家人在四溢的清香中醒来,唤醒他们一天的幸福感;也许你想为晚餐的短暂时光奉上一道道美食,看到家人洋溢幸福的笑脸,看到他们大口吃饭的样子;也许你更想在寒冷的时候,为自己熬一碗浓浓的暖汤,在饿的时候不再只吃冻饺子、泡面、外卖……而是通过自己的双手,将看似普通的食材,烹饪成浓香四溢的美食,让所有的情感伴着食材的香味跳跃在唇齿舌尖。

但是,美食和生活一样,同样需要用耐心去慢慢熬煮、细心经营,容不得半点懈怠与马虎。除了一台灶、一口锅、一把铲子、一堆食材,你更要凭着对美食的热爱,以及一点点耐心,用一双巧手来实现点"食"成金的美食宣言。

　　如果你有对美食的追求，那么，来吧，跟我们一起学做简单的美食，过平凡有爱的快乐生活吧！

　　翻开《蒸菜真健康》一书，你会惊讶地发现，清蒸、粉蒸、酿蒸，通通都有；蔬菜、畜肉、禽蛋、水产，尽在其中，尽显十八般"蒸"功夫。只要你细心琢磨，不仅能轻松做出家人喜爱的既美味又健康的蒸菜，更能举一反三，激发烹饪的灵感，烹制出属于你的健康蒸菜，让你和家人吃出美丽、吃出健康，一生与美味、幸福相伴。

CONTENTS 目录

PART 1 在这里，遇见最健康的蒸滋味

那些与"蒸"有关的故事..................002	"蒸"价值..................005
花样蒸菜方法..................003	食材"蒸"诀窍..................006
传奇蒸菜名品..................004	蒸菜小技巧..................008

PART 2 清淡养生蒸有味

蒸白萝卜..................010	蒜香手撕蒸茄子..................024
桂花蜜糖蒸萝卜..................011	葱香蒸茄子..................025
粉蒸胡萝卜丝..................012	干贝咸蛋黄蒸丝瓜..................026
剁椒皮蛋蒸土豆..................013	冰糖百合蒸南瓜..................027
冰糖枸杞蒸藕片..................014	蒸冬瓜酿油豆腐..................028
红枣糯米莲藕..................015	粉蒸四季豆..................029
粉蒸芋头..................016	椒麻粉蒸秋葵..................030
蜜汁枸杞蒸红薯..................017	蒜香豆豉蒸秋葵..................031
清蒸白玉佛手..................018	油泼金针菇..................032
清蒸西葫芦..................019	湘味金针菇..................033
剁椒腐竹蒸娃娃菜..................020	手撕香辣杏鲍菇..................034
茄汁蒸娃娃菜..................021	豆腐皮素菜卷..................035
肉末蒸菜心..................022	豉汁蒸腐竹..................036
豉油蒸菜心..................023	芽菜肉末蒸豆腐..................037

CONTENTS 目录

咸鱼蒸豆腐 ………………… 038	润肺百合蒸雪梨 …………… 041
风味蒸莲子 ………………… 039	酸甜蒸苹果 ………………… 042
蜜汁蒸红枣莲子 …………… 040	

PART 3 浓香畜肉蒸着吃

家常五香粉蒸肉 …………… 044	香芋排骨 …………………… 061
干豆角腐乳蒸肉 …………… 045	红枣枸杞蒸猪肝 …………… 062
香芋粉蒸肉 ………………… 046	芋头蒸腊肉 ………………… 063
香芋扣肉 …………………… 047	荷香蒸腊肉 ………………… 064
蒸白菜肉丝卷 ……………… 048	香干蒸腊肉 ………………… 065
蒸白萝卜肉卷 ……………… 049	粉蒸肚条 …………………… 066
蒸冬瓜肉卷 ………………… 050	清蒸牛肉丁 ………………… 067
蒸荸荠肉丸 ………………… 051	五香粉蒸牛肉 ……………… 068
香菇蒸肉丸 ………………… 052	豉汁蒸牛柳 ………………… 069
蒸肉末酿苦瓜 ……………… 053	芥蓝金针菇蒸肥牛片 ……… 070
豆瓣酱蒸排骨 ……………… 054	萝卜丝蒸牛肉 ……………… 071
小米洋葱蒸排骨 …………… 055	冬菜蒸牛肉 ………………… 072
豌豆蒸排骨 ………………… 056	荷叶菜心蒸牛肉 …………… 073
豉汁蒜香蒸排骨 …………… 057	茶树菇蒸牛肉 ……………… 074
菠萝蒸排骨 ………………… 058	丝瓜咸蛋蒸羊肉 …………… 075
腐乳花生蒸排骨 …………… 059	鲜椒蒸羊排 ………………… 076
清香糯米蒸排骨 …………… 060	

ZUI JIAN DAN DE JIA CHANG CAI

PART 4 嫩滑禽、蛋蒸滋味

粉蒸鸡块......078	酸梅蒸烧鸭......095
虫草花香菇蒸鸡......079	湘味蒸腊鸭......096
板栗蒸鸡......080	香芋蒸鹅......097
草菇蒸鸡肉......081	香菇蒸鹌鹑......098
枸杞冬菜蒸白切鸡......082	蒸三色蛋......099
姜汁蒸鸡......083	黑木耳枸杞蒸蛋......100
冬瓜蒸鸡......084	肉末蒸蛋......101
黄花菜蒸滑鸡......085	虾米干贝蒸蛋羹......102
古井醉鸡......086	牛奶蒸鸡蛋......103
什锦冬瓜卷......087	藕汁蒸蛋......104
老干妈酱蒸凤爪......088	鲜虾豆腐蒸蛋羹......105
豉汁粉蒸鸡爪......089	蚝油黄瓜蒸咸蛋......106
五香鸡翅......090	香菇肉末蒸鸭蛋......107
香菇蒸鸡翅......091	香菇蒸鹌鹑蛋......108
蟹味菇黑木耳蒸鸡腿......092	蒸鱼蓉鹌鹑蛋......109
粉蒸鸭肉......093	豆腐蒸鹌鹑蛋......110
啤酒蒸鸭......094	

PART 5 鲜香美味蒸水产

梅干菜蒸鱼段......112	陈皮蒸泥猛......114
蒜蓉粉丝蒸鱼片......113	蒸鱼片......115

003

CONTENTS 目录

榨菜肉丝蒸福寿鱼..................116	柠檬蒸乌头鱼..................135
清蒸福寿鱼..................117	剁椒蒸鱼头..................136
老干妈酱蒸鲫鱼..................118	老干妈酱蒸腊鱼..................137
辣蒸鲫鱼..................119	生蒸鳝鱼段..................138
萝卜芋头蒸鲫鱼..................120	豉汁蒸白鳝..................139
豉汁蒸脆皖..................121	豆豉剁椒蒸泥鳅..................140
豉油清蒸武昌鱼..................122	粉丝蒸蛏子..................141
剁椒武昌鱼..................123	清蒸蒜蓉开背虾..................142
梅菜腊味蒸带鱼..................124	清蒸濑尿虾..................143
家常蒸带鱼..................125	黑白蒜蓉蒸虾..................144
柠檬清蒸鳕鱼..................126	蒜蓉粉丝蒸鲜虾..................145
豉香葱丝鳕鱼..................127	姜葱蒸小鲍鱼..................146
豆豉小米椒蒸鳕鱼..................128	蒜蓉粉丝蒸鲍鱼..................147
鲜味鲮鱼丸..................129	田七红花蒸鱿鱼..................148
清蒸开屏鲈鱼..................130	豉汁蒸蛤蜊..................149
豉汁蒸鲈鱼..................131	鲜香蒸扇贝..................150
葱香蒸鳜鱼..................132	蒜香粉丝蒸扇贝..................151
野山椒末蒸秋刀鱼..................133	酒香蒸海蛏..................152
豉油清蒸多宝鱼..................134	

PART 1

在这里，遇见最健康的蒸滋味

蒸菜有着悠久的历史，与老百姓的饮食可以说是息息相关。如今，随着生活节奏的加快，人们对饮食的要求更加全面，除了要果腹和满足味觉外，还要实现养生的目的，这个时候蒸菜就脱颖而出了。蒸菜是适合现代人养生要求的烹饪技艺，相比其他烹饪方式而言，它能更好地保持食物营养和原汁原味。本章就带您一起了解"蒸"功夫，让您轻轻松松享受最健康的"蒸"滋味！

那些与"蒸"有关的故事

想学"蒸"功夫,得先做好功课,入门之前,我们先一起来了解一下蒸的概念与历史吧!

1 蒸的概念

蒸,是指把经过处理的食材装入器皿中,再放入蒸锅或蒸笼中加热,原料在加热过程中处于封闭状态,直接与水蒸气接触,利用水蒸气使食材成熟的一种烹饪方法。蒸既能制作主食,也可以制作菜肴、点心、糕点等。

蒸菜,是中华美食的重要组成部分,子曰,"食之阴阳,蒸之为康,五谷杂粮,无蒸不香"。蒸菜之于中国,不仅是一种烹饪方法,更是一种饮食文化。

2 蒸的历史

蒸,由煮演变而来。新石器中后期,随着陶器的发明和使用,人们才从真正意义上结束了"茹毛饮血"的饮食方式,开始懂得用水煮熟食物来吃,慢慢地从煮食中受到启发又发明了蒸。

天门蒸菜闻名中外,是传说中最早的蒸菜,起源于王莽时代。王莽起义后,曾在竟陵(即今天门)遭官兵追击,王莽的起义军粮食用尽,只能靠野菜充饥,当地农民为起义军送来粮食,但是粮少人多,于是起义军就将粮食磨成了粉,将粉与野菜拌匀后放入锅中蒸食,意外地发现非常可口,自此,天门蒸菜传开。

过去,逢生辰寿诞、至亲亡故、红白喜事等,均要做蒸菜、蒸饭,在古代,蒸代表着"争气",同时也有尊敬之意。现今,曾经的那些习俗慢慢地被人们淡忘,但是,蒸却早已成了一种饮食习惯和饮食文化。

花样蒸菜方法

蒸菜虽然简单，但是其蒸制方法多种多样，不同的食材有其最佳的蒸法，只有了解了各种蒸制方法，才能蒸出最美味的蒸菜。

清蒸 清蒸指的是将原料经过初步加工后，用调料拌渍，然后入锅蒸至熟，食材蒸熟后根据需要淋上芡汁的方法。清蒸的菜品具有汤清味鲜、质地细嫩的特点。

粉蒸 粉蒸是将加工好的原料用米粉等与调料拌匀，然后入锅蒸熟的方法。粉蒸的菜品具有软熟滋糯、香浓味醇的特点。

包蒸 包蒸是指将加工好的原料用调料拌匀腌渍入味后，再用荷叶、竹叶、网油叶等包裹好，入锅蒸至熟的方法。包蒸的菜品不仅可以保持原料的原汁原味，同时还增加了包裹材料的味道，风味独特。

扣蒸 扣蒸也称为旱蒸，是指将原料加工后调好味，码入碗中，不加汤汁，有的还需要加盖或者封口，然后入锅蒸熟后取出翻扣盘中，再根据需要淋入芡汁的方法。扣蒸的菜品具有形态饱满、鲜嫩可口的特点。

酿蒸 酿蒸指的是将加工处理好的原料调好味后镶酿在番茄、辣椒、苦瓜等材料中，入锅蒸至熟的方法。酿蒸的菜品具有精美细腻、味香色艳的特点。

造型蒸 造型蒸指的是将处理好的原料加工成蓉状或胶状，加入调味料和凝固物质如蛋清、淀粉、琼脂等，做成各种造型，装入模具中，入锅蒸至熟；又或者将原料加工成液态或糊状，放入模具中，再入锅蒸至熟。

传奇蒸菜名品

蒸菜悠久的历史造就了不少蒸菜名品,如上述提到的蒸菜鼻祖天门蒸菜、沔阳蒸菜、浏阳蒸菜等。下面我们一同细数那些蒸菜名品。

1. 天门蒸菜

天门蒸菜在各地方蒸菜中拥有着最悠久的历史,是蒸菜最重要的一脉根源。在天门,有"无菜不蒸,无蒸不宴"的说法,天门人不但爱蒸菜,同时也将蒸菜继承、发展得更好,从著名的"天门三蒸"发展到后来的"天门九蒸",有着品种繁多、技法精湛、味型广泛的特点。

2. 沔阳蒸菜

沔阳蒸菜据说起源于元末农民起义时期。相传,元末陈友谅起义,他的妻子主管后勤,在起义军攻下沔阳后,陈友谅的妻子亲自下厨犒劳士兵,别出心裁地将肉、鱼、藕等分别与米粉拌匀后配上佐料蒸熟,结果蒸出来的食物非常美味,士兵们都称赞不绝。"沔阳三蒸"极富盛名,民间有"蒸菜大王,独数沔阳,如若不信,请来一尝"的歌谣。

3. 浏阳蒸菜

浏阳蒸菜相传起源于明朝。明初,朱元璋与陈友谅开战,因浏阳人支持陈友谅,朱元璋血洗浏阳,造成浏阳"地广人稀、不见炊烟",后来浏阳便成了众多迁徙、逃亡者的繁衍生息之地,这些人被称为"客姓",即现在所说的客家人。客家人背井离乡、颠沛流离,在浏阳定居后形成独特的客家文化,而浏阳蒸菜是在客家人的生活习惯下形成的。浏阳蒸菜简单朴素,食材独特,以蒸腊味为主。

"蒸"价值

看似朴实无华的蒸菜,少了煎炒烹炸的花哨变化,避免高温热油和过多的调料,最大程度保留食物原有的蛋白质和纤维素,好消化、养胃、不上火,任何时候都能让人产生身体被细心呵护的幸福感,真的可以说好处多多呢。

1. 绿色环保

蒸的过程在中医学上叫湿热灭菌,菜肴在蒸的过程中能最大程度清除菜品原料的有害成分,餐具也得到蒸汽消毒,避免了二次污染的机会。蒸为无油烹调,没有油烟,健康环保。

2. 原汁原味

蒸菜注重原汁原味,是炒菜用油量的三分之一,甚至可以完全不用油,原料的原始滋味不会被分解代替,能让人细细品味纯天然菜品的本来味道,回归大自然,天然又健康。

3. 健康营养

蒸能最大程度保持食物的味、形和营养,保证营养成分不流失。蒸菜所含的多酚类营养物质,如黄酮类的槲皮素含量显著地高于其他烹调方法,对身体非常有好处。

4. 调理肠胃

蒸菜时菜品保持原有水分不流失,所以蒸出来的东西比较松软,更容易被消化吸收,有止胃痛、中和胃酸、治疗胃炎的药物功效。

5. 滋补又美容

蒸菜制作过程是以水渗热,阴阳调济,锁住全部的维生素和水分,蒸制的菜肴清淡不上火,女士吃了皮肤水润光滑,男士吃了身体健康。

6. 保健养生

蒸菜烹调讲究原汁原味,减少了油、盐等物质的摄入,特别适合"三高"人群和亚健康人群,让人真正远离肥胖、高脂血症、高血压等疾病。

食材"蒸"诀窍

蒸菜的用料较为广泛，一般多用质地坚韧的动物类、植物类、涨发的干货、质地细嫩或经精细加工的原料，例如鸡、鸭、猪肉、鲍鱼、虾、蟹、豆腐、南瓜、冬瓜、土豆等。蒸菜看似简单，其实学问很大，只有对它们的烹饪方法了然于胸，才能蒸出美味菜肴。

1 蒸土豆诀窍

土豆营养丰富、易于储存，不管是平凡的家常菜中还是高贵的宴席上，都能找到它的身影。蒸土豆是土豆最理想的烹调方式，对营养影响很小，还能保留天然的清香。如果是直接蒸土豆则最好带皮蒸制，这样土豆营养损失更少，尤其是维生素C保留得更多。

土豆蒸熟后压成泥，口感酥软，更适合老人和孩子。经过合理搭配，还能作为需要控制体重、血糖、血压等人群的食疗菜。

2 蒸猪肉诀窍

选料应用带皮的五花肉，这种肉肥瘦相间，成菜后既好看，口感又嫩滑。

肉片切得不宜过厚、过大，可以切得稍微薄一些，这样能加快成熟速度，容易蒸软蒸稔，吃时也方便，口感更好。

调味时，酱油、糖、酒、生粉与水要适量，黏在肉片上的生粉要湿透，否则不论蒸多久，生粉都较干，不入味。

蒸时，要用旺火，促使肉蒸得软烂，肉中油分尽出，吃时才会油而不腻。吃时可将碗中蒸肉反扣到大盘上，较为美观。

3 蒸牛肉诀窍

蒸牛肉脆而有弹性，美味、爽口，食后令人齿颊留香，它的制作诀窍是：

选用新鲜牛肉（以牛腿肉或牛脊侧肉为好），去除筋膜（这样蒸出来的牛肉才会嫩滑）。将牛肉放在砧板上用刀背锤几下，再将牛肉切成长条，洗净、沥干后加调料拌至入味。

如用腐竹垫底，可将腐竹用滚油炸后，用清水浸软，沥干，然后放上牛肉，上笼蒸熟即可。

4 蒸排骨诀窍

排骨，应选择瘦中带肥，即瘦肉中间隔着肥肉的；若全是瘦肉，则肉质相对粗糙。因此不论清蒸排骨、豉汁蒸排骨、梅子蒸排骨，都应选用肥瘦相间的排骨，这样蒸出来的排骨才会嫩滑。

将排骨斩件，洗净沥干后，可加调料、水、生粉、生油拌匀，排骨吸水分后，会涨发成为柔软的肉质；生粉可起滑嫩的作用，生油可促进肉质爽滑，所以腌时，水、生粉、油的分量必须配合好。

5 蒸鸡诀窍

清蒸鸡是生活中常见的一道菜肴，在烹制时要掌握其秘诀，应选嫩母鸡或鸡腿、鸡翅，其中以鸡中翅的肉质最爽滑。

蒸鸡的调料要按顺序加入，一般是先加入生抽、蚝油、盐、糖、鸡粉拌匀，其次姜汁、酒、生粉，最后加芝麻油、生油拌匀，这样可使肉质嫩滑多汁。酱油、蚝油、盐等可调味，生油可促进鸡肉爽滑，又能防止鸡块黏在一起。

蒸鸡时，碟或盘稍大些，不宜叠放数层，中间要翻动，亦不可蒸得过久，以保持鸡肉嫩滑鲜味。

6 蒸蟹诀窍

不论海蟹还是河蟹、湖蟹，最好的吃法是清蒸，清蒸既能保存蟹的鲜味，又不会使蟹膏流失，可保持原味。

蒸前，把蟹壳洗净，去掉身上污物，挤去蟹脐中的粪便，在脐上放适量老姜、葱结。

蒸蟹时，水不要放得过多，避免水浸入蟹；要待水大滚后才放入蒸笼；要把蟹四脚朝天放，蟹背的膏质才会凝结下坠，不易散到蟹肢中，这样蒸出来的蟹，膏滑，口感更佳。

蒸菜小技巧

"蒸"最早始于中国，中华千年美食文化中素有"无菜不蒸"之说。据中国烹饪协会及营养学会论证，蒸也是最能保持食物原汁原味、保留食物营养的烹饪方式。但是，看似操作简单的蒸菜，其实也是需要讲究技巧的，下面我们一起来学学"蒸"技巧吧！

▶蒸菜火候看原料

蒸菜需要注意火候，其火候的大小视原料而定。质地鲜嫩的原料，一般沸水入锅、猛火速蒸，如水产海鲜类、蔬菜类等；质地较粗的原料，一般是需要将其蒸至酥烂，所以最好是沸水入锅、猛火慢蒸，如粉蒸肉等；而质地嫩滑的原料如蛋类等，最好是沸水入锅、文火慢蒸。

▶蒸菜原料摆放有学问

如果我们蒸菜的原料不是单一的，则需要注意原料的摆放学问。当蒸菜的原料有两种以上时，最好将原料分层摆放：一般来说，不易熟的菜摆在上面，容易熟的菜摆在下面；颜色较浅的菜摆在上面，颜色较深的菜摆在下面；汤汁较少的菜摆在上面，汤汁较多的菜摆在下面。

▶蒸菜蒸前先调味

如果不是特殊要求，一般情况下，我们都应将原料用调味料拌匀或腌渍好后再入锅蒸，因为食材蒸熟后不易入味，在加热期间也难以入味，而有时候我们会在蒸熟后加以调味，但那也只是辅助性、补充性的调味。

▶入锅出锅有技巧

一定要在锅内水沸后再将原料入锅蒸；上火加温的时间一般比规定时间少2~3分钟，停火后不马上出锅，利用余温虚蒸一会儿，味道更好。

PART 2

清淡养生蒸有味

　　蔬果一直就是人们餐桌上必不可少的一味元素。随着人们对养生的重视，清淡蒸菜的身价也如芝麻开花般节节高升。烹饪有很多种，常见的有炒、煮、拌、蒸、烤等，每一种烹饪技艺都有自己的特色。但是，相对于其他烹饪技艺，"蒸"的方式尤其健康。蒸菜比凉拌菜更健康卫生，比炒菜更营养。你还在为自己的蒸菜寡淡无味而烦恼吗？下面，跟着本章一起，将你的蒸菜做得有滋有味吧！

蒸白萝卜

| 材料 | 去皮的白萝卜260克,葱丝5克,红椒丝3克,姜丝5克 | 调料 | 生抽8毫升,花椒少许,食用油适量 |

相宜 白萝卜+豆腐 有助营养吸收　　白萝卜+紫菜 清肺热、治咳嗽

1.将白萝卜切成0.5厘米左右的厚片；将白萝卜片一个叠一个地摆好,围成圆状,放上姜丝。

2.蒸锅上火烧开,放入白萝卜,盖上盖,蒸8分钟左右至萝卜熟透。

3.开盖,取出蒸好的白萝卜,拣出姜丝,再放上葱丝以及红椒丝。

4.锅注油烧热,放入花椒,炒香,夹出花椒,将热油浇在白萝卜片上即可。

小贴士 白萝卜含有蛋白质、膳食纤维、胡萝卜素、铁、钙、磷等营养成分,具有清热生津、凉血止血、消食化滞等功效。

桂花蜜糖蒸萝卜

| 材料 | 白萝卜180克,桂花15克,枸杞少许 | 调料 | 蜂蜜25克 |

相宜 白萝卜+豆腐皮 有利于消化　　白萝卜+腐竹 有利于消化

1. 白萝卜洗净去皮,切厚片,用梅花形模具制成萝卜花,在萝卜花中间挖出小圆孔,备用。

2. 把洗净的桂花放在小碟中,加入蜂蜜拌匀,制成糖桂花。

3. 萝卜花放入蒸盘中,在圆孔处盛入糖桂花,点缀上枸杞。

4. 将蒸盘放入烧开的蒸锅,用中火蒸约15分钟至食材熟透,取出即可。

小贴士 白萝卜含有蛋白质、维生素A、维生素C、叶酸、木质素、铁、锌、镁、铜等营养成分,具有保持皮肤白嫩、促进肠胃蠕动、帮助排毒等功效。

粉蒸胡萝卜丝

材料 胡萝卜300克，蒸肉米粉80克，黑芝麻10克，蒜末、葱花各少许

调料 盐2克，芝麻油5毫升

相宜 胡萝卜+香菜　开胃消食　　胡萝卜+绿豆芽　排毒瘦身

1. 洗净去皮的胡萝卜切丝。

2. 胡萝卜丝装碗，加入盐，倒入蒸肉米粉，搅拌片刻，装入蒸盘中。

3. 蒸锅上火烧开，放入蒸盘，大火蒸5分钟至入味，取出倒入碗中。

4. 加入蒜末、葱花、黑芝麻、芝麻油，搅匀，装入盘中即可。

小贴士　胡萝卜含有蔗糖、葡萄糖、淀粉、胡萝卜素、矿物质等成分，具有保护视力、增强免疫力等功效。

剁椒皮蛋蒸土豆

| 材料 | 皮蛋2个，土豆200克，剁椒15克，蒜蓉5克，葱花2克 | 调料 | 盐、鸡粉各2克，芝麻油适量 |

相宜 土豆+豆角　除烦润燥

1. 将洗净去皮的土豆对半切开，再切片；去壳的皮蛋切小瓣，备用。

2. 把土豆装在碗中，撒上蒜蓉，加入盐、鸡粉、剁椒，搅拌至盐溶化，转到蒸盘中，备用。

3. 放入切好的皮蛋，摆好盘；备好电蒸锅，烧开水后放入蒸盘。

4. 盖上盖，蒸约10分钟，至食材熟透，断电后揭盖，取出蒸盘，趁热淋入芝麻油，撒上葱花即可。

小贴士　土豆含有淀粉、蛋白质、粗纤维、胡萝卜素、B族维生素以及钙、磷、铁、钾、碘等营养成分，具有和胃健脾、抗衰老、防癌、减肥等功效。

冰糖枸杞蒸藕片

| 材料 | 莲藕200克，枸杞5克 | 调料 | 冰糖15克 |

相宜 莲藕+虾 改善肝脏功能　　莲藕+鳝鱼 滋阴健脾

1.将洗净去皮的莲藕切成厚度均匀的片。

2.将藕片整齐地码在盘内。

3.撒上备好的枸杞、冰糖；电蒸锅注水烧开，放入藕片。

4.盖上锅盖，蒸至藕片熟透，掀开锅盖，将藕片取出即可。

小贴士 　　莲藕含有淀粉、蛋白质、维生素C、脂肪等成分，具有养阴清热、润燥止渴、清心安神等功效。而且藕还是冬令进补的保健食品，生食能凉血散瘀，熟食能补心益肾、补五脏之虚、强壮筋骨、滋阴养血。

红枣糯米莲藕

材料 红枣3颗,糯米粉200克,去皮莲藕300克

调料 红糖30克

相宜 莲藕+猪肉　健胃、壮体　　莲藕+牛蒡　排毒

1.洗净的红枣切开,去核,切碎;洗好的莲藕切小段,待用。

2.取一碗,倒入糯米粉、红枣碎、红糖、温开水,拌匀成米糊,将米糊塞满莲藕的小孔,装入蒸盘。

3.蒸锅注水烧开,放上蒸盘,加盖,用中火蒸1小时至熟软。

4.揭盖,取出蒸好的糯米莲藕,放置一旁凉凉,切成片,装盘即可。

小贴士 红枣含有蛋白质、维生素A、维生素C、钙、磷、铁等营养成分,具有补虚益气、养血安神、健脾和胃等功效,是脾胃虚弱、气血不足、倦怠无力、失眠等患者良好的保健食品。

粉蒸芋头

| 材料 | 去皮芋头400克，蒸肉米粉130克，葱花、蒜末各少许 | 调料 | 盐2克，甜辣酱30克 |

相宜　芋头+牛肉　养血补血　　芋头+红枣　补血养颜

1.洗净的芋头对半切开，切长条。

2.切好的芋头装碗，倒入甜辣酱、部分葱花、蒜末、盐、蒸肉米粉，拌匀，摆入盘中，待用。

3.蒸锅注水烧开，放上拌好的芋头，加盖，用大火蒸25分钟至熟。

4.揭盖，取出蒸好的芋头，撒上剩余葱花即可。

小贴士　芋头含有蛋白质、淀粉、钙、磷、铁、B族维生素、维生素C等多种营养物质，具有解毒、补中益气、保护肝肾、益胃健脾等功效。

蜜汁枸杞蒸红薯

| 材料 | 红薯300克，枸杞10克 | 调料 | 蜂蜜20克 |

相宜 红薯+糙米 减肥　　红薯+芹菜 降血压

 1.将去皮洗净的红薯切片。

 2.取一蒸盘，放入红薯片，摆整齐，撒上枸杞，淋上蜂蜜，待用。

 3.备好电蒸锅，烧开水后放入蒸盘，蒸约15分钟。

 4.取出蒸盘，稍微冷却后食用即可。

小贴士 红薯富含蛋白质、淀粉、果胶、纤维素、维生素及多种矿物质，有"长寿食品"的美誉，具有补虚、健脾开胃、强肾等作用。此外，红薯还含有较多的黏液蛋白，能保持消化道、呼吸道、关节腔、膜腔的润滑和血管的弹性。

清蒸白玉佛手

材料 豆腐180克，大白菜叶数片，胡萝卜90克，生粉、荸荠、芹菜、水发香菇、姜末各适量，水淀粉少许

调料 盐、鸡粉各3克，芝麻油2毫升

相宜 白菜+虾仁 防止牙龈出血、解热除燥　　白菜+海带 防治碘不足

1.芹菜洗净切碎；荸荠洗净剁末；胡萝卜、香菇洗净切粒；豆腐洗净压成泥；白菜帮片薄。

2.切好的材料装碗，加入姜末、生粉、芝麻油以及适量盐和鸡粉，搅匀，制成馅料。

3.锅中注水烧开，放入白菜叶煮约1分钟，捞出，放上馅料卷好，入蒸锅，大火蒸2分钟，取出。

4.锅中注水烧开，放入剩余的盐、鸡粉、水淀粉勾芡，制成芡汁，淋在菜卷上即可。

小贴士 白菜含有蛋白质、膳食纤维、胡萝卜素、维生素C、维生素E等营养成分，具有润肠、促进排毒、刺激肠胃蠕动、帮助消化等功效。

清蒸西葫芦

| 材料 | 西葫芦140克,朝天椒30克,蒜末、葱花各少许 | 调料 | 盐2克,生抽5毫升,食用油适量 |

相宜　西葫芦+鸡蛋　补充动物蛋白　　西葫芦+洋葱　增强免疫力

1. 洗净的朝天椒切圈;洗好的西葫芦切片。

2. 取一蒸盘,摆放好西葫芦,撒上朝天椒圈,加入盐、食用油,放上蒜末待用。

3. 打开电蒸笼,注水烧开,放入蒸盘,盖上盖子,蒸11分钟,至食材熟透。

4. 取出蒸盘,撒上葱花,浇上生抽即可。

小贴士　西葫芦含有维生素A、维生素C、钾、磷、铁、糖类、膳食纤维等营养成分,具有增强免疫力、清热利尿、润肺止咳等功效。西葫芦属于低嘌呤、低钠食物,对痛风、高血压等症有食疗作用,是一道营养丰富的家常菜肴。

剁椒腐竹蒸娃娃菜

| 材料 | 娃娃菜300克，水发腐竹80克，剁椒40克，蒜末、葱花各少许 | 调料 | 白糖3克，生抽7毫升，食用油适量 |

| 相宜 | 娃娃菜+牛肉　健胃消食　　娃娃菜+青椒　促进消化 |

1. 洗好的娃娃菜对半切开，切成条状；泡发洗好的腐竹切成段。

2. 锅中注水烧开，倒入娃娃菜，焯片刻至断生，捞出，沥干水分，码入盘内，放上腐竹。

3. 热锅注油烧热，爆香蒜末、剁椒，加入白糖，翻炒匀，浇在娃娃菜上，待用。

4. 蒸锅上火烧开，放入码好的娃娃菜和腐竹，盖上锅盖，大火蒸10分钟至入味，取出，撒上葱花，淋入生抽即可。

小贴士　娃娃菜含有叶酸、蛋白质、维生素、钾等成分，具有养胃生津、除烦解渴、利尿通便等功效。

茄汁蒸娃娃菜

材料 娃娃菜300克，红椒丁、青椒丁各5克，水淀粉10毫升

调料 盐、鸡粉各2克，番茄酱5克，食用油少许

相宜 娃娃菜+鲤鱼　改善妊娠水肿　　娃娃菜+虾仁　防止牙龈出血

1.娃娃菜洗净切瓣，装在蒸盘中，摆好。

2.备好电蒸锅，烧开后放入蒸盘，盖盖，蒸约5分钟至熟软，取出。

3.炒锅置火上，倒入少许食用油，烧热，再倒入青椒丁、红椒丁，炒匀，放入番茄酱，炒香。

4.加入鸡粉、盐、水淀粉，调成味汁，浇在蒸盘中即可食用。

小贴士　娃娃菜含有胡萝卜素、B族维生素、维生素C、钙、磷、铁等营养元素，具有养胃生津、除烦解渴、利尿通便、清热解毒之功效。

肉末蒸菜心

材料	菜心200克，肉末30克，红椒丁5克，姜末2克	**调料**	胡椒粉少许，生抽5毫升，食用油适量

相宜 　菜心+豆皮　促进代谢　　　菜心+猪肉　补充营养、通便

1. 肉末装入碗中，加入红椒丁、姜末，加入胡椒粉、少许生抽，拌匀腌渍约10分钟。

2. 备好电蒸锅，烧开水后放入洗净的菜心，盖盖，蒸约5分钟，至食材熟透，取出。

3. 用油起锅，放入腌渍好的肉末，炒匀炒透。

4. 取菜心，淋上剩余的生抽，倒入炒熟的肉末，摆好盘即成。

小贴士　菜心含有较多的粗纤维，不但能够刺激肠胃蠕动，起到润肠、助消化的作用，且对护肤和养颜也有一定作用。

豉油蒸菜心

| 材料 | 菜心150克,红椒丁5克,姜丝2克 | 调料 | 蒸鱼豉油10毫升,食用油适量 |

相宜 菜心+虾仁 预防牙龈出血　菜心+牛肉 健胃消食

 1. 备好电蒸锅,锅中水烧开后放入洗净的菜心。

 2. 盖上盖,蒸约3分钟,至食材熟透,断电后揭盖,取出菜心,待用。

 3. 用油起锅,撒上姜丝,爆香,倒入红椒丁,炒匀,再淋上蒸鱼豉油,调成味汁。

 4. 关火后盛出,浇在菜心上,摆好盘即成。

小贴士 菜心不仅品质柔嫩、风味可口,而且烹饪的方法也较多,它含有蛋白质、胡萝卜素、维生素B_2、烟酸、维生素C、钙、磷、铁等营养成分,具有保护视力、增强体质、提高食欲等作用。

蒜香手撕蒸茄子

| 材料 | 茄子260克，蒜末5克，干辣椒5克 | 调料 | 蒸鱼豉油10毫升，食用油适量 |

相宜 茄子+苦瓜 改善心血管病症　　茄子+猪肉 降低胆固醇的吸收

1.备好电蒸锅，锅中水烧开后放入洗净的茄子，盖上盖，蒸约10分钟，至食材熟透。

2.断电后揭盖，取出蒸熟的茄子，放凉后撕成茄条。

3.用油起锅，撒上蒜末、干辣椒，爆香。

4.淋上蒸鱼豉油，拌匀，调成味汁，关火后盛出，浇在茄条上即成。

小贴士 茄子含有葫芦巴碱、水苏碱、胆碱、蛋白质、维生素A、维生素C及钙、磷、铁等营养元素，具有清热凉血、消肿解毒等作用。

葱香蒸茄子

材料 茄子250克，水发豌豆100克，火腿100克，水发香菇、葱花、蒜末各适量

调料 盐2克，鸡粉2克，料酒4毫升，生抽4毫升，食用油适量

相宜 茄子+羊肉 预防心血管疾病　　茄子+黄豆 通气顺肠

1. 茄子洗净切段，火腿切丁，泡发好的香菇切丁。

2. 火腿中加入香菇丁、水发豌豆、蒜末、盐、鸡粉、料酒，拌匀；取一空盘，摆入茄条，倒入拌好的食材。

3. 蒸锅注水，大火烧开，放入茄子，盖上锅盖，大火蒸10分钟至熟透，取出，撒上葱花。

4. 热锅注油，烧至六成热，将热油、生抽浇在茄子上即可食用。

小贴士 茄子中维生素E的含量较丰富，不仅能帮助维持人体酸碱平衡，经常食用还有抗癌的保健功效。

干贝咸蛋黄蒸丝瓜

材料 丝瓜200克，水发干贝30克，蜜枣3克，蛋黄4个，葱花少许，水淀粉4毫升

调料 生抽5毫升，芝麻油适量

相宜 丝瓜+鸡蛋　润肺、补肾、美肤　　丝瓜+鸭肉　清热滋阴

1. 洗净去皮的丝瓜切成段，用大号V型戳刀挖去瓜瓤；咸蛋黄对半切开。

2. 丝瓜段放入蒸盘，每块丝瓜段中放入一块咸蛋黄。

3. 蒸锅注水烧开，放入蒸盘，盖上锅盖，大火蒸20分钟至熟，取出。

4. 热锅注水烧热，放入蜜枣、干贝、生抽、水淀粉、芝麻油，搅匀，浇在丝瓜上，撒上葱花即可。

小贴士 丝瓜含有苦味质、黏液质、木胶、瓜氨酸、木聚糖等成分，具有清热解毒、美容抗敏、止咳祛痰等功效。

冰糖百合蒸南瓜

| 材料 | 南瓜条130克，鲜百合30克 | 调料 | 冰糖15克 |

相宜 南瓜+猪肉　预防糖尿病

1. 把南瓜条装在蒸盘中，放入洗净的鲜百合，撒上冰糖，待用。

2. 备好电蒸锅，放入蒸盘。

3. 盖上盖，蒸约10分钟，至食材熟透。

4. 断电后揭盖，取出蒸盘，稍微冷却后即可食用。

小贴士　南瓜含有维生素A、维生素C以及磷、钾、钙、镁、锌等微量元素，具有补中益气、降血脂、降血糖、清热解毒等作用。此外，南瓜还有着不可忽视的食疗作用，南瓜中的果胶，可促进肠胃蠕动、帮助食物消化。

蒸冬瓜酿油豆腐

| 材料 | 冬瓜350克，油豆腐150克，胡萝卜60克，韭菜花40克，水淀粉3毫升 | 调料 | 芝麻油5毫升，盐、鸡粉、食用油各适量 |

相宜 冬瓜+鸡肉　清热消肿　　冬瓜+海带　降血压、降血脂

1.油豆腐洗净对半切开，洗净去皮的冬瓜挖成球，洗净去皮的胡萝卜切粒。

2.择洗好的韭菜花切成小段，去掉花部分；将冬瓜放在油豆腐上，待用。

3.蒸锅上火烧开，放入冬瓜、油豆腐，中火蒸15分钟至熟，取出蒸好的食材。

4.热锅注油烧热，倒入胡萝卜、韭菜花炒匀，注水，调入盐、鸡粉、水淀粉、芝麻油，搅匀，浇在冬瓜上即可食用。

小贴士 冬瓜含有钾、钠、钙、铁、锌、铜、蛋白质、膳食纤维等成分，具有利尿消肿、排毒瘦身、增强免疫力等功效。

粉蒸四季豆

| 材料 | 四季豆200克，蒸肉米粉30克 | 调料 | 盐2克，生抽8毫升，食用油适量 |

相宜 四季豆+干香菇　抗老化、防癌

 1.将择洗干净的四季豆切段，装入碗中。

 2.碗中倒入盐、生抽、食用油，拌匀，腌渍约5分钟。

 3.取腌好的四季豆，加入蒸肉米粉拌匀，转到蒸盘中。

 4.备好电蒸锅，烧开水后放入蒸盘，蒸约15分钟至熟透，取出即可。

小贴士　四季豆是餐桌上的常见蔬菜之一，它含有蛋白质、膳食纤维、维生素A、维生素C、维生素E以及钙、磷、钠、钾、镁、锌、铁等营养成分，具有调和脏腑、安养精神、益气健脾、消暑化湿、利水消肿等功效。

椒麻粉蒸秋葵

| 材料 | 秋葵150克，蒸肉米粉30克，葱花3克，水淀粉20毫升 | 调料 | 盐3克，花椒3克 |

相宜 秋葵+猪肉　增加食欲

1.将洗净的秋葵切去头尾。

2.取一大碗，倒入秋葵、蒸肉米粉、花椒、盐、水淀粉，搅拌一会儿，再转到蒸盘中。

3.备好电蒸锅，烧开水后放入蒸盘，盖盖，蒸约15分钟至食材熟透。

4.断电后揭盖，取出蒸盘，趁热撒上葱花即可。

小贴士 秋葵肉质柔嫩、润滑，风味独特，营养价值高，可炒食、煮食、凉拌、制罐头及速冻加工等。果实含有蛋白质、膳食纤维、B族维生素、维生素A、维生素C以及磷、钾、钙、镁、锌、铜、碘等营养成分，具有助消化、抗肿瘤、提神醒脑等作用。

蒜香豆豉蒸秋葵

材料 秋葵250克，豆豉20克，蒜泥少许

调料 蒸鱼豉油、橄榄油各适量

相宜 秋葵+鸡蛋　保护视力

1. 洗净的秋葵斜刀切段，取一个盘子，摆上秋葵。

2. 热锅加橄榄油烧热，爆香蒜泥、豆豉，将炒好的蒜油浇在秋葵上。

3. 蒸锅注水烧开，放入秋葵，大火蒸20分钟至熟透，取出。

4. 在秋葵上淋上适量的蒸鱼豉油即可。

小贴士 秋葵含有阿拉伯聚糖、半乳聚糖、蛋白质、草酸钙等成分，具有养胃护胃、增强免疫力等功效。

油泼金针菇

材料 金针菇130克,剁椒40克,蒜末、葱花各少许

调料 鸡粉、白糖各2克,生抽、蚝油各5毫升,食用油适量

相宜 金针菇+豆腐 增强免疫力　　金针菇+油菜 预防大肠癌和胃癌

1. 洗净的金针菇切去根部,装盘;取一空碗,倒入剁椒、蒜末、鸡粉、白糖、生抽、蚝油拌匀,浇到金针菇上。

2. 打开电蒸笼,向水箱内注入适量水,放上蒸隔,放入金针菇,按"开关"键通电,选择"蔬菜",再按"蒸盘"键,时间设为11分钟。

3. 按"开始"键蒸至食材熟透,取出蒸好的菜肴。

4. 热锅注油烧热,盛出浇在金针菇上,撒上葱花即可。

小贴士 金针菇含有多种氨基酸、胡萝卜素、B族维生素、维生素C、锌、钾、磷等营养成分,具有益智健脑、保护肝脏、增强免疫力等功效。

湘味金针菇

| 材料 | 金针菇200克，剁椒10克，水淀粉10毫升 | 调料 | 盐2克，食用油适量 |

相宜　金针菇+豆芽　清热解毒　　金针菇+猪肝　补益气血

1.金针菇洗净，切去根部；取一蒸盘，放入洗好的金针菇，铺开，待用。

2.备好电蒸锅，注水烧开，放入蒸盘，盖上盖，蒸约10分钟，至食材熟透，断电后揭盖，取出蒸盘，待用。

3.用油起锅，烧热，放入剁椒，加入盐，倒入水淀粉，拌匀，制成调味汁。

4.关火后盛出调味汁，浇在蒸熟的金针菇上即成。

小贴士　金针菇中含有一种叫朴菇素的物质，经常食用有降低胆固醇、预防肝脏疾病和胃肠溃疡、增强机体免疫力、防病健身等作用。

手撕香辣杏鲍菇

| 材料 | 杏鲍菇300克，蒜末、葱花各3克，剁椒10克 | 调料 | 白糖5克，醋8毫升，生抽10毫升，芝麻油适量 |

相宜 杏鲍菇+牛肉　健脾养胃

 1.杏鲍菇洗净、切段。

 2.备好电蒸锅，烧开水后放入杏鲍菇，蒸约5分钟至熟透，取出放凉后撕成粗丝，装盘摆好。

 3.取一小碗，放入生抽、醋、白糖、芝麻油、蒜末，拌匀，调成味汁。

 4.把味汁浇在盘中，放入剁椒，撒上葱花即可。

小贴士　杏鲍菇是近年来开发栽培成功的集食用、药用、食疗于一体的珍稀食用菌新品种，含有蛋白质、膳食纤维、B族维生素、维生素E以及钠、镁、锰、铜、硒、磷、锌等营养成分，具有抗癌、降血脂、润肠胃以及美容等作用。

豆腐皮素菜卷

| 材料 | 菠菜50克,胡萝卜100克,豆腐皮90克,水发黄花菜、香菇、蒜蓉各适量,水淀粉15毫升 | 调料 | 盐3克,白糖、鸡粉各5克,蚝油10克,食用油适量 |

相宜 黄花菜+猪肉　　增强体质　　黄花菜+马齿苋　　清热祛毒

1. 洗净的菠菜切段;洗好的豆腐皮切大块;洗净的胡萝卜、香菇分别切丝。

2. 取一张豆腐皮,放上切好的胡萝卜、菠菜、黄花菜、香菇,卷起来,切成大小合适的段,装入盘中。

3. 取电蒸锅,注水烧开,放上豆腐皮卷,盖上盖,将时间调至10分钟,蒸熟取出。

4. 用油起锅,放入蒜蓉,爆香,注水,加入盐、鸡粉、白糖、蚝油、水淀粉,拌匀,淋到蒸好的豆腐皮卷上即可。

小贴士 豆腐皮含有蛋白质、脂肪、糖类、维生素A、维生素E及钾、磷、钙、镁等营养成分,具有增高助长、预防心血管疾病、保护心脏等功效。

豉汁蒸腐竹

材料 水发腐竹300克,豆豉20克,红椒30克,葱花、姜末、蒜末各少许

调料 生抽5毫升,盐、鸡粉各少许,食用油适量

相宜 腐竹+猪肝 促进维生素B_{12}的吸收

1. 红椒洗净,切开去籽,再切粒;泡发好的腐竹切长段。

2. 热锅注油烧热,爆香姜末、蒜末、豆豉,倒入红椒粒,放入生抽、鸡粉、盐,炒匀。

3. 关火后将炒好的材料浇在腐竹上,待用。

4. 蒸锅注水烧开,放入腐竹,盖上锅盖,大火蒸20分钟至入味,取出,撒上葱花即可。

小贴士 腐竹含有蛋白质、纤维素、烟酸、糖类等营养成分,具有促进食欲、益智健脑等功效。

芽菜肉末蒸豆腐

| 材料 | 豆腐600克，芽菜40克，肉末70克，葱花少许 | 调料 | 盐2克，鸡粉2克，料酒4毫升，生抽3毫升，老抽2毫升，芝麻油3毫升 |

相宜 豆腐+韭菜　预防便秘

1. 洗好的豆腐切成小块；肉末加芽菜、葱花、盐、鸡粉、料酒、生抽、老抽、芝麻油，拌匀，调成馅料。

2. 将豆腐块装入盘中，铺上馅料。

3. 电蒸笼接通电源，注入适量清水至标示线处，放上笼屉，放入蒸盘。

4. 盖上盖，蒸制15分钟，至食材熟软，取出即可。

小贴士　豆腐含有蛋白质、脂肪、糖类、纤维素以及多种维生素和矿物质，具有补中益气、清热润燥、生津止渴等作用。吃豆腐时加入一些蛋白质含量非常高的食物，如肉类和鸡蛋，能使豆腐的蛋白质更好地被人体消化吸收。

咸鱼蒸豆腐

| 材料 | 嫩豆腐200克，咸鱼60克，姜丝、葱花各少许 | 调料 | 生抽3毫升，芝麻油少许，食用油适量 |

| 相宜 | 豆腐+西蓝花　补脾健胃　　豆腐+香菇　降血脂、降血压 |

1. 将豆腐切成长方块；咸鱼去除鱼骨，取鱼肉切成粒，入油锅，炒出香味，盛出。

2. 把豆腐块装入盘中，放入炒好的咸鱼粒，再放入姜丝，浇上生抽，再淋入适量食用油。

3. 将加工好的食材放入烧开的蒸锅中，盖上盖，用大火蒸5分钟至食材熟透。

4. 揭盖，把蒸好的食材取出，撒上葱花，再浇上少许芝麻油即可。

小贴士　豆腐含有丰富的优质蛋白及铁、钙、磷、镁等人体必需的多种营养元素，可补中益气、清热润燥、生津止渴、清洁肠胃，尤其适合热性体质、肠胃不清、热病后调养者食用。

风味蒸莲子

材料 水发莲子250克，桂花15克，水淀粉适量

调料 白糖3克

相宜 莲子+红薯　通便、美容　　莲子+猪肚　补气血

1. 泡好的莲子装碗，加入白糖、桂花，充分拌匀。

2. 蒸锅中注水烧开，放入备好的食材，盖上盖，用大火蒸40分钟至食材熟透。

3. 揭盖，取出蒸好的莲子，将碗倒扣在盘子上，倒出汁液，把碗揭开。

4. 另起锅，倒入汁液并加入适量清水及水淀粉，拌匀至汁液浓稠，浇在蒸好的莲子上即可。

小贴士 莲子含有莲心碱、蛋白质、钙、磷、钾、脂肪等成分，具有补脾止泻、养心安神、维持肌肉弹性等作用。

蜜汁蒸红枣莲子

| 材料 | 红枣15枚，莲子15颗 | 调料 | 白糖15克，蜂蜜20克，食用油适量 |

相宜　莲子+鸭肉　补肾健脾、滋补养阴　　莲子+银耳　滋补健身

 1.洗净的红枣切开、去核，放入莲子，包好。

 2.取电蒸锅，注入适量清水烧开，放入红枣莲子，盖上盖，时间调至20分钟，蒸熟取出。

 3.锅中注入适量清水烧开，加入白糖、蜂蜜，稍稍搅拌至白糖溶化，倒入食用油，拌匀。

 4.关火后将煮好的蜜汁淋到红枣莲子上即可。

小贴士　莲子中富含强心碱，具有强心作用；莲子中含有的棉籽糖有很好的滋补身体的效果，特别适合产后妇女和老年体虚者食用。

润肺百合蒸雪梨

材料 雪梨2个，鲜百合30克

调料 蜂蜜适量

相宜 梨+猪肺　清热润肺、助消化　　梨+蜂蜜　缓解咳嗽

1.将洗净去皮的雪梨从四分之一处切开，掏空果核，制成雪梨盅。

2.将雪梨盅装在蒸盘中，填入洗净的鲜百合，淋上蜂蜜。

3.备好电蒸锅，烧开水后放入蒸盘，盖上盖，蒸约15分钟至熟透。

4.断电后揭盖，取出蒸盘，稍微冷却后即可食用。

小贴士 雪梨含有苹果酸、柠檬酸、维生素B_1、维生素B_2、维生素C、胡萝卜素等营养成分，具有润肺清燥、止咳化痰、养血生肌等作用。

酸甜蒸苹果

材料 苹果2个

相宜 苹果+银耳 润肺止咳

1. 将苹果洗净，对半切成8块，去掉果核，放入碗中。

2. 另一个苹果按同样的方法处理，备用。

3. 电蒸锅提前注水烧开，放入苹果，盖上盖，蒸10分钟左右。

4. 揭开盖，取出蒸好的苹果，凉凉后即可食用。

小贴士 苹果的营养价值很高，它所含的果胶属于可溶性纤维，可促进肠胃蠕动。此外，苹果含有的纤维素还能促进消化，对小儿腹泻有收敛作用。

PART 3

浓香畜肉蒸着吃

　　许多人认为，畜肉只有通过与烧热的油锅进行"激烈"的碰撞，才能使食材内部的浓香散发出来，其实不然，畜肉通过蒸制更能散发出原料的浓香。常见的畜肉如猪肉、牛肉、羊肉……都是蒸菜的"宠儿"，随手一切，入锅一蒸，便能成就一道道滋润、软糯、鲜美的餐桌佳肴。下面，将奉上最诱人的蒸畜肉美味，让无肉不欢的你轻松做出最不同凡响的绝美滋味，充分满足你的食荤之欲！

家常五香粉蒸肉

| 材料 | 五花肉块260克,红薯块、蒸肉米粉、蒜末、葱花各适量 | 调料 | 盐3克,老抽5毫升,生抽10毫升,料酒20毫升,腐乳汁、红油豆瓣酱各适量 |

相宜：猪肉+大蒜 消除疲劳　　猪肉+芋头 可滋阴润燥、养胃益气

1. 取一大碗,放入洗净的五花肉块,调入料酒、生抽、老抽、蒜末、盐、腐乳汁、红油豆瓣酱、蒸肉米粉,拌匀腌渍。

2. 取一蒸盘,放入红薯块,铺平,倒入腌渍好的材料,摆好造型。

3. 备好电蒸锅,烧开水后放入蒸盘,盖盖,蒸约40分钟,至食材熟透。

4. 断电后揭盖,取出蒸盘,撒上葱花即可。

小贴士：五花肉含有蛋白质、卵磷脂、维生素B_1、维生素B_2以及铁、锌、钠、钾等营养成分,具有解热、益肾补虚、预防缺铁性贫血等功效。

干豆角腐乳蒸肉

材料 五花肉150克,水发干豆角70克,蒸肉米粉80克,葱花3克

调料 腐乳15克,鸡粉3克,料酒5毫升,生抽10毫升

相宜 猪肉+红薯 降低胆固醇　　猪肉+白萝卜 消食、除胀、通便

1.将洗净的干豆角切段;洗好的五花肉切片。

2.把肉片放碗中,加入料酒、生抽、鸡粉、腐乳、蒸肉米粉,拌匀,腌渍一会儿,待用。

3.取一蒸盘,放入干豆角段,铺开,放入腌渍好的肉片,摆放整齐。

4.备好电蒸锅,烧开水后放入蒸盘,盖上盖,蒸约30分钟,取出蒸盘,撒上葱花即可。

小贴士 猪肉性平、味甘咸,是日常生活的主要食材。猪肉含有丰富的蛋白质及脂肪、糖类、钙、磷、铁等成分,具有补虚强身、滋阴润燥、丰肌泽肤等作用。

香芋粉蒸肉

材料 香芋230克，五花肉380克，蒸肉米粉90克，干辣椒段、葱花、蒜泥各适量

调料 料酒4毫升，生抽5毫升，盐2克，鸡粉2克

相宜 猪肉+白菜　开胃消食　　猪肉+莴笋　补脾益气

1. 洗净去皮的香芋切片；处理好的五花肉切片。

2. 五花肉碗内加入料酒、生抽、盐、鸡粉、蒜泥、蒸肉米粉、干辣椒段，搅拌均匀。

3. 取一个盘子，平铺上香芋片，倒入拌好的五花肉。

4. 蒸锅注水烧开，放入食材，盖上锅盖，大火蒸25分钟至熟透，取出，撒上葱花即可。

小贴士 香芋含有淀粉、蛋白质、矿物质等成分，具有解毒补脾、清热镇咳等功效。

香芋扣肉

材料 香芋240克，熟五花肉240克，生菜2片，葱段、葱花、姜片各适量

调料 腐乳10克，料酒10毫升，盐、五香粉各2克，海鲜酱15克，生抽10毫升

相宜 猪肉+芦笋　有利于维生素B₁₂的吸收　　猪肉+香菇　保持营养均衡

1. 洗净的香芋、熟五花肉均切片；取一小碗，倒入生抽、料酒、盐、五香粉、葱段、姜片、腐乳、海鲜酱、五花肉，腌渍。

2. 取一大碗，将五花肉、香芋片一片一片间隔摆放好，淋上调好的酱料。

3. 取电蒸锅，注入适量清水烧开，放入五花肉，盖上盖，将时间调至40分钟。

4. 揭盖，取出五花肉，将生菜反面铺上，再将五花肉倒扣在生菜上，在五花肉上撒葱花即可。

小贴士 香芋含有蛋白质、膳食纤维、胡萝卜素、维生素B₁、维生素B₂、烟酸、钾、钠、钙、镁、铁、锰、锌等营养成分，具有开胃生津、消炎镇痛、补气益肾等功效。

蒸白菜肉丝卷

| 材料 | 大白菜叶350克,鸡蛋80克,水发香菇50克,胡萝卜60克,瘦肉200克,水淀粉5毫升 | 调料 | 盐3克,鸡粉2克,料酒5毫升,食用油适量 |

相宜 猪肉+茄子 增强血管弹性　　猪肉+黑木耳 降低心血管病发病率

 1.瘦肉洗净切丝;洗净去皮的胡萝卜切丝;香菇去蒂切条;白菜叶焯熟捞出。

 2.鸡蛋搅成蛋液,入油锅煎成蛋皮后盛出切丝;起油锅,加瘦肉、香菇、胡萝卜、料酒、少许的盐和鸡粉,炒成馅料盛出。

 3.白菜铺平,放上馅料、蛋丝,卷起,制成白菜卷,摆盘,入烧开的蒸锅中蒸20分钟至熟,取出。

 4.热锅注油烧热,注水,加剩余的盐、鸡粉、水淀粉,搅匀成芡汁,浇在白菜卷上即可。

小贴士 白菜含有蛋白质、膳食纤维、胡萝卜素、维生素等成分,具有排毒瘦身、促进代谢、利尿消肿等功效。

蒸白萝卜肉卷

| 材料 | 白萝卜片150克,肉末50克,蒜末5克,姜末3克 | 调料 | 盐3克,生抽5毫升 |

相宜　猪肉+海带　止痒　　猪肉+竹笋　清热化痰、解渴益气

1. 锅中注水烧开,放入白萝卜片焯煮至变软后捞出,沥干水分。

2. 肉末装碗,淋上生抽,加入盐,撒上蒜末、姜末,拌匀,腌渍一会儿,制成馅料,待用。

3. 取萝卜片,放入馅料,包紧,固定住,制成肉卷,放在蒸盘中。

4. 备好电蒸锅,注水烧开,放入蒸盘,蒸约15分钟,至食材熟透即可食用。

小贴士　白萝卜含有芥籽油、淀粉酶、粗纤维、B族维生素、维生素C以及铁、磷、锌等营养成分,具有促进消化、增强食欲、加快胃肠蠕动、止咳化痰、除疾润肺、利尿通便等作用。

蒸冬瓜肉卷

材料 冬瓜400克，水发黑木耳90克，午餐肉200克，胡萝卜200克，葱花少许，水淀粉4毫升

调料 鸡粉2克，芝麻油、盐各适量

相宜 猪肉+豆苗 利尿、消肿、止痛　　猪肉+南瓜 降低血压

1. 泡发好的黑木耳切细丝；洗净去皮的胡萝卜切丝；午餐肉切丝；洗净去皮的冬瓜切薄片。

2. 锅中注水烧开，倒入冬瓜片，煮至断生，捞出，沥干水分；冬瓜片铺在盘中，放上午餐肉、黑木耳、胡萝卜，卷起。

3. 将卷好的冬瓜肉卷摆在蒸盘上，放入烧开的蒸锅中，盖上锅盖，大火蒸10分钟至熟，取出待用。

4. 热锅注水烧开，放入盐、鸡粉、水淀粉、芝麻油，拌匀，制成芡汁，淋在冬瓜卷上，撒上葱花即可。

小贴士 冬瓜含有维生素B₁、烟酸、膳食纤维、蛋白质、矿物质等成分，具有利尿消肿、排毒瘦身、增强免疫力等功效。

蒸荸荠肉丸

材料 西蓝花、荸荠各100克,瘦肉末150克,蛋清30克、蒜末、姜末、葱花各适量,淀粉15克

调料 盐5克,五香粉2克,食用油适量

相宜 荸荠+核桃 有利于消化　荸荠+香菇 益胃助食

1.洗净去皮的荸荠切碎;取碗,倒入荸荠碎、瘦肉末、蛋清、蒜末、姜末、葱花、五香粉、淀粉及适量盐,搅拌均匀。

2.将拌好的荸荠瘦肉制成肉丸生坯,摆在蒸盘中。

3.备好电蒸锅,烧开水后放入蒸盘,蒸约10分钟至食材熟透,取出。

4.锅中注水烧开,放入食用油、盐、西蓝花,煮至断生后捞出,摆在蒸好的肉丸旁边蒸盘中,围好边即可。

小贴士 荸荠含有蛋白质、维生素C、粗纤维、维生素E、荸荠英、钙、磷、铁、锌等营养成分,具有益气安中、开胃消食、除热生津、止痢消渴等功效。

香菇蒸肉丸

材料 肉胶500克，生粉29克，肥肉丁、食粉、香菇粒、葱花各适量

调料 盐3克，白糖3克，鸡粉3克，生抽4毫升，花生酱、食用油、芝麻油各适量

相宜 香菇+牛肉　补气养血　　香菇+猪肉　促进消化

1. 把肉胶倒入碗中，加入食粉、适量清水，搅拌均匀，再放入花生酱、盐，拌匀，搅至起浆。

2. 取拌好的肉胶放入白糖、鸡粉、生抽、生粉、肥肉丁、食用油、芝麻油，拌匀，加适量香菇粒、葱花，拌匀，制成馅料。

3. 取一空盘，放入蒸笼里，放上剩余的香菇粒和葱花垫底，把馅料捏成丸子状，放入盘中。

4. 将蒸盘放入烧开的蒸锅中，大火蒸10分钟，取出即可食用。

小贴士 香菇含有脂肪、糖类、粗纤维以及多种维生素和矿物质，具有延缓衰老、防癌抗癌、降血压、降血脂等作用。

蒸肉末酿苦瓜

材料 苦瓜段130克,肉末50克

调料 盐2克,鸡粉3克,料酒3毫升,生抽5毫升

相宜 苦瓜+玉米 清热解毒　苦瓜+鸡翅 补脾健胃

1. 苦瓜段去瓜瓤;把肉末放入洗净的碗中,淋上生抽、料酒,加入鸡粉、盐,拌匀,腌渍约10分钟,待用。

2. 取一蒸盘,放入苦瓜段,将腌好的肉末装入瓜瓤处,待用。

3. 备好电蒸锅,烧开水后放入蒸盘。

4. 盖上盖,蒸约15分钟,至食材熟透,断电后揭盖,取出蒸盘即可。

小贴士 苦瓜含有蛋白质、膳食纤维、胡萝卜素、维生素C、维生素E以及钾、钠、钙、镁、铁、锌、磷、硒等营养成分,具有清热解暑、消肿解毒、促进血液循环等作用。

豆瓣酱蒸排骨

| 材料 | 排骨段400克，淀粉25克，葱段、姜片、蒜片、香菜各少许 | 调料 | 豆瓣酱40克，盐、鸡粉各2克，料酒、生抽各5毫升，蚝油5克，食用油适量 |

相宜：猪排骨+萝卜　补虚养身、健脾开胃　　猪排骨+莲藕　清热、通乳

1. 取一大碗，倒入洗净的排骨段，倒入豆瓣酱，放入蒜片、姜片、葱段。

2. 加入料酒、生抽、盐、鸡粉、蚝油、淀粉、食用油，拌匀，腌渍一会儿至食材入味。

3. 蒸锅注水烧开，放上腌好的排骨，加盖，用大火蒸30分钟至熟。

4. 揭盖，取出蒸好的排骨，放上香菜点缀即可。

小贴士：排骨含有蛋白质、脂肪、糖类、钙、多种维生素及矿物质等营养成分，具有滋阴壮阳、益精补血、提高人体免疫力等功效。

小米洋葱蒸排骨

材料 水发小米200克，排骨段300克，洋葱丝35克，姜丝少许

调料 盐3克，白糖、老抽各少许，生抽3毫升，料酒6毫升

相宜 小米+鸡蛋 提高蛋白质的吸收率　　小米+黄豆 健脾和胃、益气宽中

1. 把洗净的排骨段装碗中，放入洋葱丝，撒上姜丝，搅拌匀。

2. 加入盐、白糖、料酒、生抽、老抽拌匀，倒入洗净的小米，搅拌一会儿。

3. 把拌好的材料转入蒸碗中，腌渍约20分钟，待用。

4. 蒸锅注水上火烧开，放入蒸碗，盖上盖，用大火蒸约35分钟至熟透，取出即可。

小贴士 　　排骨营养丰富，含有B族维生素、骨胶原、骨黏蛋白以及铁、钙、锌、镁、钾等营养物质，具有补钙、滋阴壮阳、益精补血等功效。

豌豆蒸排骨

| 材料 | 排骨段350克,豌豆80克,蒸肉米粉50克,红椒丁10克,姜片5克,葱段5克 | 调料 | 盐3克,生抽10毫升,料酒10毫升 |

相宜　豌豆+蘑菇　改善食欲不佳　　豌豆+面粉　提高营养价值

1.洗净的排骨段加入葱段、料酒、生抽、少许盐和蒸肉米粉,拌匀,腌渍一会儿。

2.洗好的豌豆装碗,放入红椒丁,加入余下的盐和蒸肉米粉,拌匀。

3.取一蒸碗,倒入腌渍好的排骨,放入烧开水的电蒸锅中,盖上盖,蒸约20分钟至熟软。

4.断电后揭盖,取出蒸碗,稍微冷却后放入拌好的豌豆,再蒸约10分钟至食材熟透,取出即可。

小贴士　豌豆色泽翠绿,口感鲜美。豌豆中富含粗纤维,能促进大肠蠕动,保持大便通畅,起到清洁大肠的作用;豌豆含有止杈酸、赤霉素和植物凝素等物质,有抗菌消炎、增强新陈代谢的功能。

豉汁蒜香蒸排骨

| 材料 | 排骨段260克，豆豉5克，蒜蓉、姜蓉各3克，葱花2克，淀粉6克 | 调料 | 盐2克，鸡粉3克，白糖2克，蚝油5克，料酒8毫升，生抽、食用油各适量 |

相宜 蒜+猪肉　促进血液循环、消除疲劳　　蒜+大米　降血压

 1.用油起锅，撒上蒜蓉、姜蓉，爆香，倒入豆豉，炒匀，关火待用。

 2.把洗好的排骨段放入碗，盛入锅中的食材，加入白糖、盐、生抽、料酒、蚝油、鸡粉、淀粉，腌渍10分钟。

 3.取一蒸盘，放入腌渍好的食材，铺开，放入烧开的电蒸锅，盖上盖。

 4.蒸约10分钟至食材熟透，断电后揭盖，取出蒸盘，撒上葱花即可。

小贴士 排骨含有蛋白质、维生素C以及钙、磷、铁、锌等营养成分，具有滋阴壮阳、益精补血、补钙强身等功效。

菠萝蒸排骨

材料 菠萝肉160克，排骨段120克，彩椒50克，蒸肉米粉适量

调料 盐2克，料酒3毫升，生抽5毫升

相宜 菠萝+鸡肉　补虚填精、温中益气　　菠萝+猪肉　促进蛋白质的吸收

1.菠萝肉对半切开；洗净的彩椒切块。

2.将洗净的排骨段装碗，加入生抽、料酒、盐，撒上蒸肉米粉，拌匀，腌渍一会儿。

3.取一蒸盘，倒入菠萝肉摆整齐，放入排骨段，装饰上彩椒块。

4.备好电蒸锅，烧开后放入蒸盘，蒸约10分钟至食材熟透，取出即可。

小贴士 菠萝含有果糖、葡萄糖、维生素C、柠檬酸、蛋白酶、菠萝酶、钾、钠、锌、钙、磷等营养元素，具有清暑解渴、止泻、补脾胃、固元气、益气血、养颜瘦身等功效。此外，消化不良时食用菠萝，还可起到开胃顺气、解油腻的作用。

腐乳花生蒸排骨

材料 排骨段250克，花生80克，红椒丁15克，生粉8克，葱花5克，姜末5克

调料 柱侯酱5克，腐乳汁10毫升，生抽10毫升，食用油适量

相宜 花生+猪蹄 补血催乳　　花生+菊花 疏风散热、清热解毒

1.将洗净的排骨段装碗，倒入花生、红椒丁、生抽、腐乳汁、柱侯酱、姜末，拌匀，腌渍15分钟。

2.倒入生粉，搅拌均匀，加入食用油，拌匀，装盘备用。

3.电蒸锅注水烧开，放入排骨，加盖。

4.调好时间旋钮，蒸30分钟至排骨熟软入味，揭盖，撒入葱花，取出即可。

小贴士 花生在民间被称为"长生果"，是一种营养价值很高的食物，它含有的叶酸、膳食纤维能对心脏起到保护作用。

清香糯米蒸排骨

| 材料 | 排骨段260克，水发糯米90克，荷叶70克 | 调料 | 盐2克，鸡粉3克，胡椒粉少许，老抽2毫升，料酒5毫升 |

相宜　糯米+红枣　温中祛寒　　糯米+红豆　防治腹泻和水肿

1. 洗净的排骨段装碗，放入盐、鸡粉、胡椒粉、老抽、料酒、糯米，拌匀。

2. 将荷叶洗净摊平，倒上混合好的糯米排骨，包裹好。

3. 将电蒸笼接通电源，注水至标示线处，放上笼屉，放入荷叶糯米排骨。

4. 盖上盖，调节旋钮定时45分钟，开始蒸制，旋钮回至"关"档位即断电，取出即可食用。

小贴士　糯米含有糖类、膳食纤维、维生素E、维生素B_1、维生素B_2等营养成分，具有补脑益智、护发明目、活血行气、延年益寿等作用。

香芋排骨

材料 排骨段180克,香芋块、生粉、食粉、蒜末各适量

调料 盐1克,白糖2克,鸡粉2克,豆豉油10毫升,花生酱、豆瓣酱、蒜油、食用油各适量

相宜 香芋+鲫鱼 治疗脾胃虚弱　香芋+芹菜 补气虚、增食欲

1.排骨装碗,倒入食粉,分数次加水拌匀,腌渍10分钟,洗净。

2.热锅注油烧热,放入香芋炸至七八成熟,捞出。

3.碗中放盐、白糖、鸡粉、蒜末、花生酱、蒜油、豆瓣酱、清水、排骨、生粉、豆豉油,拌匀。

4.香芋装碟,放上拌好的排骨,装入蒸笼,放入烧开的蒸锅,大火蒸10分钟,关火取出即可。

小贴士 中医认为,排骨具有滋阴润燥、益精补血的功效,适宜气血不足者。香芋含有丰富的微量元素,常吃能增进食欲、促进消化。

红枣枸杞蒸猪肝

材料 猪肝200克，红枣40克，淀粉15克，枸杞10克，葱花3克，姜丝5克

调料 盐2克，鸡粉3克，生抽8毫升，料酒5毫升，食用油适量

相宜 猪肝+韭菜 促进营养吸收　　猪肝+菠菜 能改善贫血

1. 将洗净的红枣切开，去除枣核；洗好的猪肝切片。

2. 猪肝装碗，加入料酒、生抽、盐、鸡粉、姜丝、淀粉、食用油，拌匀，腌渍约10分钟。

3. 取一蒸盘，放入猪肝、红枣、枸杞，摆好造型，放入烧开的电蒸锅中，盖上盖。

4. 蒸约5分钟至食材熟透，断电后揭盖，取出，趁热撒上葱花即可。

小贴士 猪肝含有蛋白质、维生素B₁、维生素B₂、烟酸、钙、锌等营养成分，具有补肝、明目、养血等作用。此外，猪肝还含有丰富的铁、磷和卵磷脂等营养成分，有利于儿童的智力发育和身体发育。

芋头蒸腊肉

材料 去皮芋头200克,腊肉350克,姜片、蒜末、葱花、八角各少许

调料 料酒、生抽各5毫升,白糖2克,鸡粉3克,胡椒粉5克,食用油适量

相宜 芋头+红枣 补血养颜　　芋头+牛肉 改善食欲不振

1. 腊肉切厚片;洗净的芋头修整齐,切成片。

2. 起油锅,爆香姜片、八角、蒜末,放入腊肉、芋头,炒匀,加入料酒、生抽、白糖、鸡粉、胡椒粉,炒入味,盛出。

3. 蒸锅中注入适量清水烧开,摆入炒好的菜肴,加盖,中火蒸20分钟至熟软。

4. 揭盖,关火后取出蒸好的菜肴,拣出八角,倒扣在另一个盘子中,撒上葱花即可食用。

小贴士 芋头含有蛋白质、胡萝卜素、钙、磷、铁、钾、镁等营养成分,具有开胃消食、消肿止痛、益胃健脾等功效。

荷香蒸腊肉

材料 腊肉150克，荷叶半张，红椒丁10克，姜末8克，葱花5克

相宜 腊肉+冬笋　增进食欲

 1.腊肉切片。

 2.锅中注水烧开，倒入腊肉片，煮一会儿以去除多余盐分，捞出，沥干水分，装盘。

 3.将洗净的荷叶摊开放在盘中，中间放入腊肉，撒上姜末，放上红椒丁、葱花。

4.电蒸锅注水烧开，放入食材，调好时间旋钮，蒸20分钟至熟，取出，摆入盘中即可。

小贴士 腊肉含有蛋白质、脂肪、糖类、磷、钾、钠等营养物质，具有开胃、祛寒、消食等功能。

香干蒸腊肉

材料 去皮白萝卜200克,腊肉250克,香干200克,豆豉10克,葱花、水淀粉各少许

调料 盐2克,白糖5克,生抽、料酒各5毫升,白胡椒粉、食用油各适量

相宜 腊肉+芹菜 增进食欲

1.洗净的白萝卜切丝;腊肉切片;洗好的香干横刀切长块;将腊肉片、香干,叠在一起,放上白萝卜丝。

2.取一个碗,加入生抽、料酒、盐、白胡椒粉及适量清水,拌匀,制成调味汁,浇在香干、腊肉上。

3.蒸锅中注水烧开,放上菜肴,加盖,用中火蒸20分钟,取出,将菜肴中的汁液倒入碗。

4.把香干、腊肉倒扣入盘;起油锅,倒入豆豉、蒸菜的汁液、水淀粉、白糖、食用油,炒入味,浇在香干上,撒上葱花即可。

小贴士 香干含有蛋白质、不饱和脂肪酸、维生素E、钙、磷、钾、钠及糖类等营养成分,具有益智健脑、预防心血管疾病、增强身体抵抗力等功效。

粉蒸肚条

材料	熟猪肚120克,五花肉80克,土豆240克,蒸肉米粉50克,蒜末5克,葱段少许
调料	腐乳15克,豆瓣酱20克,老抽2毫升,料酒10毫升

相宜 猪肚+金针菇 开胃消食、增强免疫力　　猪肚+生姜 减少对胆固醇的吸收

1. 将备好的熟猪肚切条形；洗净去皮的土豆切滚刀块；洗好的五花肉切片。

2. 取一大碗，倒入猪肚条、肉片、料酒、老抽、豆瓣酱、腐乳、蒜末、蒸肉米粉，搅匀，腌渍。

3. 取一蒸盘，放入土豆块，倒入腌渍好的食材，铺好。

4. 备好电蒸锅，烧开水后放入蒸盘，盖上盖，蒸约20分钟，至食材熟透，取出撒上葱段即可。

小贴士 土豆含有蛋白质、B族维生素、维生素A、维生素C、膳食纤维以及钙、磷、铁、钾、碘等营养成分，具有健脾和胃、益气调中、缓急止痛等作用。

清蒸牛肉丁

| 材料 | 牛肉150克，姜片8克，香叶2片，干辣椒3克，花椒2克，葱花3克，水淀粉15毫升 | 调料 | 生抽10毫升，五香粉2克 |

相宜 牛肉+仙人掌 抗癌止痛　　牛肉+土豆 保护胃黏膜

1.牛肉洗净切丁，加姜片、生抽、香叶、干辣椒、花椒、五香粉拌匀，腌渍15分钟至食材入味。

2.牛肉丁装盘，放入烧开的电蒸锅中，蒸10分钟至熟，取出，将汤汁倒入碗中。

3.锅置火上，倒入少许清水烧开，倒入牛肉汤汁，煮至沸腾。

4.倒入水淀粉，搅匀至汤汁浓稠，浇在牛肉上，撒上葱花即可。

小贴士 牛肉含有蛋白质、脂肪、糖类及钾、镁、钠等多种营养物质，具有补中益气、滋养脾胃、强健筋骨、提高免疫力等功效。

五香粉蒸牛肉

材料 牛肉150克,蒸肉米粉30克,蒜末、姜末、葱花各3克

调料 豆瓣酱10克,盐3克,料酒、生抽各8毫升,食用油适量

相宜 牛肉+鸡蛋 延缓衰老　牛肉+陈皮 增进食欲,强身健体

1. 将洗净的牛肉切片。

2. 牛肉片装入碗,放入料酒、生抽、盐,撒上蒜末、姜末。

3. 倒入豆瓣酱、蒸肉米粉、食用油,拌匀,腌渍一会儿,转到蒸盘中,摆好。

4. 备好电蒸锅,烧开水后放入蒸盘,蒸约15分钟至食材熟透,取出撒上葱花即可。

小贴士 牛肉含有蛋白质、膳食纤维、胡萝卜素、维生素B_1、维生素B_2、维生素E以及钙、磷、钾、钠、镁、铁、铜等营养成分,具有补中益气、滋养脾胃、强健筋骨、化痰息风、止渴止涎等功效。

豉汁蒸牛柳

| 材料 | 牛肉200克,青椒、红椒各20克,生粉5克,豆豉8克,姜末5克,葱花3克,蒜末5克 | 调料 | 盐2克,鸡粉2克,料酒3毫升,生抽7毫升,食用油适量 |

相宜 牛肉+葱　去肿消毒　　牛肉+洋葱　补脾健胃

1.洗净的青、红椒去籽切条;洗好的牛肉切条成牛柳。

2.将切好的牛柳装碗,放入料酒、姜末、蒜末、生抽、盐、鸡粉、豆豉、青椒、红椒,拌匀,腌渍15分钟。

3.腌渍好的牛柳中倒入生粉,倒入食用油,拌匀,将拌好的牛柳装盘。

4.备好电蒸锅,注水烧开后,放入牛柳,加盖,调好旋钮,蒸10分钟至食材熟透,取出,撒上葱花即可。

小贴士 牛肉中肌氨酸含量比其他食物都高,对人体增长肌肉、增强力量特别有效。

芥蓝金针菇蒸肥牛片

| 材料 | 金针菇150克，肥牛片250克，芥蓝130克，姜末、蒜末、朝天椒各少许 | 调料 | 盐、鸡粉、胡椒粉各1克，生抽、料酒各5毫升 |

| 相宜 | 芥蓝+番茄　　防癌 |

1. 金针菇洗净，去根；芥蓝洗净，去叶，斜刀切段；朝天椒洗净，切圈。

2. 取一蒸盘，在盘的四周摆上金针菇、芥蓝，放上肥牛片、姜末、蒜末、朝天椒圈，倒入料酒。

3. 蒸锅注水烧开，放上装有食材的盘子，大火蒸20分钟至熟，取出。

4. 另起锅开中火，倒入盘中多余的汁液，加盐、生抽、鸡粉、胡椒粉拌匀，制成调味汁，浇在菜肴上即可。

小贴士　肥牛含有蛋白质、脂肪、B族维生素、铁、锌、钙等营养物质，具有补铁补血、强健体格、改善气血等作用。

萝卜丝蒸牛肉

| 材料 | 白萝卜200克,牛肉150克,蒜蓉、姜蓉各5克,葱花2克 | 调料 | 盐2克,辣椒酱5克,蒸鱼豉油8毫升,料酒8毫升,芝麻油适量 |

相宜 白萝卜+金针菇　可防治消化不良　　白萝卜+猪肉　消食、除胀、通便

1. 白萝卜洗净切丝;牛肉洗净切丝;萝卜丝装碗,撒上盐,拌匀,腌渍至变软。

2. 肉丝装入碗中,加入料酒、姜蓉、蒜蓉、芝麻油、辣椒酱,拌匀,腌渍15分钟,待用。

3. 取腌渍好的萝卜丝,去除多余水分,倒入腌渍好的牛肉,淋入蒸鱼豉油,搅拌均匀,转到蒸盘中摆好。

4. 备好电蒸锅,烧开水后放入蒸盘,蒸约15分钟至熟透,取出,撒上葱花即可。

小贴士　白萝卜是一种常见的蔬菜,生食、熟食均可,其味甜略带辛辣。白萝卜的食疗功效较广,其含有芥子油、淀粉酶和粗纤维,具有促进消化、增进食欲、加快胃肠蠕动和止咳化痰的作用。

冬菜蒸牛肉

材料 牛肉130克,冬菜末30克,洋葱末40克,姜末5克,葱花3克,水淀粉10毫升

调料 胡椒粉3克,蚝油5克,芝麻油少许

相宜 洋葱+鸡蛋 促进维生素C的吸收　　洋葱+大蒜 防癌抗癌、抗菌消炎

1. 将洗净的牛肉切片,放入蚝油、胡椒粉、姜末,倒入备好的冬菜末。

2. 撒上洋葱末,拌匀,淋上水淀粉、芝麻油,拌匀,腌渍一会儿,转到蒸盘中,摆好造型。

3. 备好电蒸锅,烧开水后放入蒸盘,盖上盖,蒸约15分钟,至食材熟透。

4. 断电后揭盖,取出蒸盘,趁热撒上葱花即可。

小贴士 牛肉有"肉中骄子"的美称,其味道鲜美,深受人们喜爱。牛肉中含有蛋白质、膳食纤维、胡萝卜素、维生素B_2、维生素E、钙、磷、钾、钠、镁、锌、硒、铜等营养成分,具有益气、补脾胃、强筋壮骨等作用。

荷叶菜心蒸牛肉

材料 荷叶1张，菜心90克，牛肉200克，蒸肉米粉90克，葱段、姜片各少许

调料 豆瓣酱35克，料酒5毫升，甜面酱20克，盐2克，食用油适量

相宜 牛肉+白萝卜　补五脏、益气血　　牛肉+芹菜　降低血压

1.洗好的菜心切小段；牛肉洗净、切片；荷叶洗净、修整齐边。

2.牛肉中放入甜面酱、豆瓣酱、料酒、姜片、葱段、蒸肉米粉，拌匀；荷叶放盘中，倒入拌好的牛肉。

3.蒸锅注水烧开，放入装有荷叶和牛肉的盘子，大火蒸1小时至入味，取出。

4.锅中注水烧热，放入盐、食用油、菜心，煮至断生，捞出，摆放在牛肉边即可。

小贴士 　菜心富含粗纤维、维生素C和胡萝卜素，不但能够刺激肠胃蠕动，起到润肠、助消化的作用，对护肤和养颜也有一定的作用。

茶树菇蒸牛肉

材料 水发茶树菇250克,牛肉330克,姜末、蒜末各少许,水淀粉4毫升

调料 蚝油8克,盐2克,料酒4毫升,胡椒粉2克,食用油适量

相宜 茶树菇+猪骨 增强免疫力　　茶树菇+鸡肉 增强免疫力

1.泡发好的茶树菇切去根部;牛肉洗净、切片。

2.牛肉装入碗中,加入料酒、姜末、胡椒粉、蚝油、水淀粉、盐、食用油,拌匀腌渍10分钟。

3.锅中注水烧开,倒入茶树菇焯一会儿,捞出,摆入蒸碗中,再倒入牛肉,撒上蒜末。

4.蒸锅注水烧开,放入蒸碗,大火蒸25分钟至熟透,取出即可。

小贴士 茶树菇含有谷氨酸、天门冬氨酸、异亮氨酸、甘氨酸等成分,具有健脾止泻、延缓衰老、增强免疫力等功效。

丝瓜咸蛋蒸羊肉

| 材料 | 丝瓜160克，羊肉230克，淀粉10克，咸蛋黄2个，姜蓉5克，蒜片10克，葱花3克 | 调料 | 胡椒粉1克，盐2克，生抽5毫升，料酒10毫升 |

相宜　羊肉+生姜　温阳祛寒　　羊肉+山药　补血、通便

1.洗净去皮的丝瓜切段；洗好的羊肉切片；备好的咸蛋黄切碎。

2.把羊肉装入碗中，加入料酒、生抽、盐、姜蓉、胡椒粉、淀粉，拌匀，腌渍一会儿，待用。

3.取一蒸盘，摆上丝瓜段，放入腌好的羊肉，撒上蒜片、蛋黄末，摆好盘。

4.备好电蒸锅，烧开水后放入蒸盘，盖上盖，蒸约25分钟，至食材熟透，取出，撒上葱花即可。

小贴士　丝瓜含有蛋白质、维生素B_1、维生素C、皂苷、木糖胶、丝瓜苦味质、粗纤维、钙、磷、铁、锌、钾等成分，能美白皮肤、消除斑块，使皮肤细嫩。

鲜椒蒸羊排

| 材料 | 羊排段300克,青椒、红椒各25克,剁椒25克,姜蓉10克,葱花3克 | 调料 | 胡椒粉1克,盐2克,料酒8毫升 |

相宜 羊排+山药　补血、通便　　羊排+海参　强身健体

1.将洗净的红椒切丁;洗好的青椒切丁。

2.沸水锅倒入羊排段,汆去血渍,捞出,加料酒、姜蓉、盐、胡椒粉、剁椒、青椒丁、红椒丁,拌匀,转入蒸盘。

3.备好电蒸锅,烧开水后放入蒸盘。

4.盖上盖,蒸约30分钟,至食材熟透,断电后揭盖,取出蒸盘,趁热撒上葱花即可食用。

小贴士 羊排含有蛋白质、维生素B_1、维生素B_2、烟酸、磷、铁、钙等营养成分,具有补体虚、祛寒冷、温补气血、益肾气、补形衰、开胃等功效。

PART 4

嫩滑禽、蛋蒸滋味

忙碌了一天，下班后却只能对着家里一堆的禽肉、禽蛋长吁短叹？其实，禽、蛋的烹饪没有你想象得那么难！蒸禽、蛋菜肴不仅可以避免比如爆炒、长时间炖煮所带来的营养破坏、口感变差等问题，还能最快捷地提供最丰富的营养补充。比如鸡、鸭、鹅这类食材只需要简单地处理一下，通过蒸就能使其成品风味和营养俱在，口感更加细腻、软烂，能够满足不同人群的饮食需求。本章将带您揭晓这些禽、蛋蒸菜的神秘面纱！

粉蒸鸡块

材料	鸡块250克,蒸肉米粉125克,姜末、葱花各少许	调料	料酒5毫升,白胡椒粉2克,生抽5毫升,老抽3毫升,盐3克,鸡粉2克

相宜	鸡肉+枸杞 益五脏、益气血 鸡肉+人参 生津止渴

1.取一个碗,倒入洗净的鸡块、姜末、料酒、生抽、盐、老抽、鸡粉、白胡椒粉,拌匀腌渍10分钟。

2.将蒸肉米粉倒入鸡块中,搅拌均匀;备好一个蒸盘,将拌好的鸡块装入盘中,待用。

3.电蒸锅注入适量清水烧开,放入鸡块,盖上锅盖,将时间设为20分钟。

4.待20分钟后掀开锅盖,取出蒸盘,撒上葱花即可。

小贴士 鸡肉含有维生素E、蛋白质、纤维、脂肪、矿物质等成分,具有增强免疫力、滋阴补肾、助温生热等功效。鸡肉的肉质细嫩、滋味鲜美,适合多种烹调方法。

虫草花香菇蒸鸡

| 材料 | 鸡腿肉280克,水发香菇50克,水发虫草花25克,淀粉10克,枸杞、红枣、姜丝各适量 | 调料 | 盐3克,蚝油3克,生抽8毫升 |

| 相宜 | 鸡肉+冬瓜　排毒养颜　　鸡肉+板栗　增强造血功能 |

1. 将洗净的香菇切片;洗好的虫草花切小段;鸡腿肉洗净,斩块。

2. 鸡肉块装碗中,放入生抽、姜丝、蚝油、盐、枸杞、淀粉,搅拌均匀,腌渍约10分钟。

3. 取一蒸盘,倒入腌渍好的食材,放入香菇片,撒上虫草花段,放入洗净的红枣。

4. 备好电蒸锅,烧开水后放入蒸盘,盖上盖,蒸约20分钟,至食材熟透,取出即可食用。

小贴士　香菇是高蛋白、低脂肪的营养保健食品,含有蛋白质、维生素A、维生素B_1、维生素D、粗纤维、磷、钙、铁等营养成分,具有促进人体新陈代谢、益胃助食、抗病毒等作用。

板栗蒸鸡

| 材料 | 鸡肉块130克，板栗肉80克，葱段8克，姜片4克，葱花3克 | 调料 | 盐2克，白糖3克，老抽2毫升，生抽6毫升，料酒8毫升 |

| 相宜 | 板栗+鸡肉　补肾虚、益脾胃　　板栗+红枣　补肾虚、防治腰痛 |

1. 将洗净的板栗肉对半切开，备用。

2. 把鸡肉装入碗中，倒入料酒、生抽、姜片、葱段、盐、老抽、白糖、板栗，拌匀，转到蒸盘中。

3. 备好电蒸锅，烧开水后放入蒸盘，盖上盖，蒸约30分钟，至食材熟透。

4. 断电后揭盖，取出蒸盘，趁热撒上葱花即可。

小贴士 板栗含有蛋白质、淀粉、维生素A、维生素B_1、维生素B_2、维生素C和磷、钾、镁、铁、锌、硼等多种营养成分，具有养胃、健脾、补肾、养颜等功效。

草菇蒸鸡肉

材料 鸡肉块300克,草菇120克,生粉8克,姜片、葱花各少许

调料 盐3克,鸡粉3克,生抽4毫升,料酒5毫升,食用油适量

相宜 草菇+豆腐 降压降脂　　草菇+虾仁 补肾壮阳

1. 将洗净的草菇切成片;沸水锅放入草菇,煮1分钟至断生后捞出,沥干水分。

2. 把草菇装入碗,倒入鸡肉块、鸡粉、盐、料酒、姜片、生粉、食用油、生抽,拌匀,腌渍10分钟。

3. 取一蒸盘,蒸锅上火烧开,放入装有鸡肉块的蒸盘。

4. 盖上盖,用中火蒸约15分钟,至全部食材熟透,取出,撒上葱花,再浇上少许热油即可。

小贴士 草菇含有蛋白质、脂肪、维生素C等营养成分,有补脾胃、清暑热、滋阴等作用。糖尿病患者食用草菇,能增强人体免疫力,还能缓解症状。因此,草菇是优良的药食兼用型营养保健食品。

枸杞冬菜蒸白切鸡

材料 白切鸡450克，冬菜末25克，枸杞15克，姜蓉、葱花各3克

调料 盐2克，鸡粉1克，芝麻油、食用油各适量

相宜 鸡肉+丝瓜 清热利肠　　鸡肉+花菜 益气壮骨

1. 将备好的白切鸡斩成块，备用。

2. 把鸡块装在碗中，放入盐、姜蓉、鸡粉、冬菜末、芝麻油，拌匀，倒扣在蒸盘中，撒上洗净的枸杞。

3. 备好电蒸锅，烧开水后放入蒸盘，盖上盖，蒸约15分钟，至食材熟透。

4. 断电后揭盖，取出蒸盘，趁热撒上葱花，浇上热油即可食用。

小贴士 白切鸡皮爽肉滑，清淡鲜美，含有蛋白质、维生素A、钾、磷、钠、钙等营养成分，具有增强体力、提高人体免疫力、补肾、增强消化能力等作用。

姜汁蒸鸡

材料 鸡块300克，豌豆苗60克，高汤150毫升，姜汁15毫升，葱花2克，水淀粉15毫升

调料 盐、鸡粉各2克，生抽、料酒各8毫升，芝麻油适量

相宜 鸡肉+木耳 降压降脂　　鸡肉+柠檬 增进食欲

1. 鸡块中加入料酒、姜汁、盐，拌匀，腌渍10分钟；锅中注水烧开，放入洗净的豌豆苗，煮至断生后捞出。

2. 将腌好的鸡块装入蒸碗中，摆好；备好电蒸锅，烧开水后放入蒸碗。

3. 盖上盖，蒸约30分钟至食材熟透，断电后揭盖，取出蒸碗，倒扣在盘中，围上焯熟的豌豆苗。

4. 锅置火上，注入高汤煮沸，加入鸡粉、生抽、水淀粉拌匀，滴上芝麻油，拌匀，浇在菜肴上即可。

小贴士 豌豆苗含有B族维生素、维生素C、胡萝卜素以及钙、铁、磷、锌等营养成分，具有利尿、止泻、消肿、止痛和助消化等作用。此外，豌豆苗还含有止权酸、赤霉素和植物凝素等营养成分，具有抗菌消炎、增强新陈代谢的功能。

冬瓜蒸鸡

材料 鸡肉块300克,冬瓜200克,姜片、葱花各少许,生粉适量

调料 盐2克,鸡粉2克,生抽、料酒各适量

相宜 鸡肉+绿豆芽 降低心血管疾病发病率　　鸡肉+金针菇 增强记忆力

1. 洗净的冬瓜去皮,切小块,备用。

2. 洗好的鸡肉块装碗,放入姜片、盐、鸡粉、生抽、料酒、生粉,抓匀。

3. 将冬瓜装盘,铺上鸡肉块,把冬瓜鸡块放入烧开的蒸锅中。

4. 用中火蒸15分钟至食材熟透,取出撒上葱花即成。

小贴士 鸡肉含有对儿童生长发育有重要作用的磷脂类、矿物质、维生素,有增强体力、强壮身体的作用。冬瓜含有蛋白质、维生素、钙、铁、镁、磷、钾等营养成分,具有化痰止咳、清热祛暑的功效,适宜儿童常食。

黄花菜蒸滑鸡

| 材料 | 鸡腿260克，水发黄花菜80克，葱花、姜片各3克，葱段5克，生粉10克 | 调料 | 盐3克，食用油适量，生抽、料酒各10毫升，蚝油8克 |

| 相宜 | 黄花菜+鸡蛋　提供丰富的营养　　黄花菜+鳝鱼　通血脉、利筋骨 |

1. 黄花菜切段；鸡腿洗净，斩块；取一大碗，倒入鸡腿、黄花菜，加入料酒、生抽、葱段、姜片、蚝油、盐，搅拌均匀。

2. 倒入食用油，拌匀，加入生粉，拌匀，腌渍20分钟。

3. 取电蒸锅，注入适量清水烧开，放入鸡腿，盖上盖，蒸25分钟至食材熟透。

4. 揭盖，取出蒸好的鸡腿，撒上葱花即可。

小贴士 黄花菜含有糖类、蛋白质、维生素C、钙、脂肪、胡萝卜素等成分，具有健胃补血、利湿消食等功效。而鸡肉中含有丰富的维生素C、维生素E等营养成分，对营养不良、畏寒怕冷、乏力疲劳、月经不调、贫血、虚弱等有很好的食疗作用。

古井醉鸡

材料 鸡块200克，葱花10克，姜片10克，花椒4克

调料 料酒20毫升，鸡粉3克，盐2克

相宜 鸡肉+花菜　益气壮骨　　鸡肉+青椒　开胃消食

1.取一蒸盘，放入鸡块。

2.取一小碗，倒入姜片、花椒、鸡粉、盐、料酒、葱花，用勺子搅拌均匀，制成调料汁。

3.取电饭锅，注入适量清水，放上蒸笼，放入鸡块，盖上盖，蒸30分钟至食材熟透。

4.取出鸡块，淋上调料汁即可食用。

小贴士 鸡肉营养丰富，是高蛋白、低脂肪的健康食品，含有的多种维生素、钙、磷、锌、铁、镁等。食用鸡肉有增强免疫力、健脾胃、强筋骨等作用。

什锦冬瓜卷

材料 鸡腿肉200克,冬瓜300克,胡萝卜、莴笋各150克,水发香菇50克,姜片、水淀粉各少许

调料 盐、鸡粉、白糖各2克,料酒10毫升,食用油适量

相宜 莴笋+猪肉 补虚强身、丰肌泽肤　莴笋+青蒜 对糖尿病患者非常有益

1. 胡萝卜、莴笋、香菇均切丝,冬瓜切片;沸水锅放入少许的盐、白糖、鸡粉,倒入胡萝卜、莴笋、香菇,煮半分钟,捞出,沥干水分。

2. 另起锅,注水,放入姜片、料酒、鸡腿肉,煮熟,捞出,将鸡肉撕成丝。

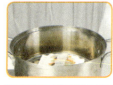

3. 取冬瓜片,码上煮好的食材,卷成筒,装入盘中,用大火蒸5分钟,取出。

4. 沸水锅中加入剩余的盐、鸡粉、白糖、水淀粉、食用油,拌匀,制成芡汁,淋在冬瓜卷上即可。

小贴士 冬瓜含有蛋白质、丙醇二酸、纤维素及多种维生素、矿物质,具有利尿消肿、清热解暑、美容养颜等功效。

老干妈酱蒸凤爪

| 材料 | 鸡爪160克,朝天椒15克,姜片少许 | 调料 | 盐2克,老干妈辣椒酱40克,料酒、生抽、老抽、白糖、鸡粉、食用油各适量 |

相宜 鸡爪+油菜　促进胶原蛋白的吸收

1. 朝天椒洗净切圈；鸡爪入沸水锅中,焯水捞出。

2. 热锅注油烧热,爆香姜片,加入鸡爪、老干妈辣椒酱、朝天椒,炒匀。

3. 放入料酒、生抽、老抽炒至食材入味,加入盐、白糖、鸡粉,翻炒片刻,盛出装盘。

4. 将电蒸笼接通电源,注水至标示线处,放入笼屉,放入鸡爪,蒸25分钟至食材熟透取出即可。

小贴士　鸡爪含有胶原蛋白、维生素E、胆固醇等成分,具有促进食欲、美容润肤等功效。

豉汁粉蒸鸡爪

材料 鸡爪200克,去皮南瓜130克,花生50克,蒸肉米粉、豆豉、姜丝、葱花各适量

调料 白糖5克,盐3克,料酒5毫升,老抽2毫升,生抽10毫升

相宜 鸡爪+辣椒 开胃消食

1. 南瓜切约0.5厘米的厚片,铺在盘子底部;鸡爪洗净去趾甲,切半。

2. 鸡爪装碗,放入花生、老抽、生抽、姜丝、盐、料酒、白糖、豆豉拌匀,腌渍10分钟。

3. 鸡爪腌好后加入蒸肉米粉,拌匀,倒在南瓜片上。

4. 取出已烧开上气的电蒸锅,放入食材,调好时间旋钮,蒸30分钟至熟,取出撒上葱花即可。

小贴士 这道豉汁粉蒸鸡爪不仅好吃还对身体有益。鸡爪中的胶原蛋白能丰肌润肤;南瓜含有丰富的钴,对防治糖尿病、降低血糖等均有帮助。

五香鸡翅

材料 鸡翅220克，蒸肉米粉90克

调料 盐2克，鸡粉2克，料酒4毫升，生抽2毫升，食用油适量

相宜 鸡翅+蘑菇　促进蛋白质的吸收

1. 处理好的鸡翅上切几道一字刀，待用。

2. 鸡翅装碗，放入盐、鸡粉、料酒、生抽、食用油，腌渍10分钟，倒入蒸肉米粉，拌匀，摆入蒸盘。

3. 打开备好的电蒸笼，向水箱内注水至最低水位线，放上蒸隔，码好鸡翅，盖上盖，按"开关"键通电。

4. 选择"肉类"功能，将时间设为14分钟，按"开始"键，待14分钟后，取出即可食用。

小贴士 鸡肉含有维生素E、蛋白质、脂肪、B族维生素等成分，具有增强免疫力、开胃消食、补中益气等功效。

香菇蒸鸡翅

材料 鸡翅250克，水发香菇2个，生粉、姜丝、蒜片、葱花各适量

调料 盐1克，白糖2克，料酒、生抽各5毫升

相宜 鸡翅+柿子椒　补充维生素C

1. 洗净的鸡翅两面各切两道；泡好的香菇取一个切片。

2. 切好的鸡翅装碗，倒入蒜片、姜丝、料酒、生抽、白糖、生粉、盐、香菇片，拌匀，腌渍15分钟。

3. 取出电饭锅，倒入鸡翅，放入另一个完整的香菇，盖上盖，按下"功能"键，选定"蒸煮"功能，蒸45分钟。

4. 打开盖子，将蒸好的香菇鸡翅装盘，撒上葱花即可。

小贴士 香菇含有丰富的维生素D，能促进钙、磷的消化吸收，有助于骨骼和牙齿的发育，还有防癌抗癌的功效；鸡肉能够美容养颜、增强体质。鸡翅和香菇可谓是经典的搭配，烹调后，它们的香味相辅相成，既增进食欲又有益身体。

蟹味菇黑木耳蒸鸡腿

| 材料 | 蟹味菇150克，水发黑木耳90克，鸡腿250克，葱花少许，生粉50克 | 调料 | 盐2克，料酒5毫升，生抽5毫升，食用油适量 |

相宜 黑木耳+猪腰　提高免疫力　　黑木耳+莴笋　降低血压、血脂、血糖

1. 泡发好的黑木耳切碎；蟹味菇洗净去根；处理好的鸡腿剔骨，切块。

2. 鸡腿肉装碗，加入盐、料酒、生抽、生粉、食用油拌匀，腌渍15分钟。

3. 取一个蒸盘，倒入黑木耳、蟹味菇、鸡腿肉。

4. 蒸锅注水烧开，放入鸡腿肉，盖上锅盖，大火蒸15分钟至熟透，取出鸡腿肉，撒上葱花即可。

小贴士 蟹味菇含有维生素、赖氨酸等成分，具有增强免疫力、延缓衰老等功效。

粉蒸鸭肉

| 材料 | 鸭肉350克，蒸肉米粉50克，水发香菇110克，葱花、姜末各少许 | 调料 | 盐1克，甜面酱30克，五香粉5克，料酒5毫升 |

相宜　鸭肉+白菜　促进胆固醇代谢　　鸭肉+芥菜　滋阴润燥

1. 取一个蒸碗，放入切好的鸭肉，加入盐、五香粉。

2. 放入料酒、甜面酱、香菇、葱花、姜末、蒸肉米粉。

3. 将碗中材料拌匀，腌渍15分钟。

4. 蒸锅注水烧开，放入鸭肉，大火蒸30分钟至熟透，取出扣在盘中即可。

小贴士　香菇含有B族维生素、矿物质、维生素A等成分，具有开胃消食、增强免疫力、帮助代谢等功效。

啤酒蒸鸭

材料 鸭肉400克,啤酒150毫升,水发豌豆180克,水发香菇150克,姜末、葱段少许,水淀粉9毫升

调料 盐2克,老抽5毫升,胡椒粉2克,食用油适量

相宜 鸭肉+山药　滋阴润燥　　鸭肉+地黄　提供丰富营养

1. 泡发好的香菇去蒂,切半,备用。

2. 取一个碗,放入鸭肉、姜末、葱段、豌豆、香菇,倒入啤酒。

3. 加入盐、胡椒粉、老抽、少许水淀粉和食用油腌渍入味,倒入蒸盘,入蒸锅蒸40分钟至熟,取出,将鸭汤倒出,备用。

4. 热锅中倒入鸭汤,注水煮沸,倒入剩余的水淀粉、食用油,调成芡汁,浇在鸭肉上即可食用。

小贴士 　　鸭肉含有蛋白质、脂肪、钙、磷、铁、B族维生素等成分,具有清热凉血、生津止渴、增强免疫力等功效。

酸梅蒸烧鸭

| 材料 | 烧鸭300克,蒜末8克 | 调料 | 酸梅酱50克,盐2克,鸡粉2克,白糖3克 |

相宜 鸭肉+干冬菜　止咳平喘　　鸭肉+干贝　可以提供蛋白质

1. 烧鸭斩成块,摆在盘中。

2. 取一个空碗,倒入酸梅酱、蒜末、盐、白糖、鸡粉,搅拌均匀制成酱料。

3. 将调好的酱料均匀地倒在烧鸭块上。

4. 取出已烧开水的电蒸锅,放入烧鸭块,盖上盖,蒸至食材入味,取出即可。

小贴士　烧鸭含有较多的B族维生素和维生素E,有利于缓解炎症,对身体颇有益处。配上用蒜末和酸梅酱等调料制成的酱汁,蒸制而食,不仅溶解了多余的油脂,还将酸甜味融入烧鸭肉中,令人回味无穷。

湘味蒸腊鸭

| 材料 | 腊鸭块220克,豆豉20克,蒜末、葱花各少许 | 调料 | 辣椒粉10克,生抽3毫升,食用油适量 |

相宜 鸭肉+萝卜　利于身体健康　　鸭肉+金银花　滋润肌肤

1. 热锅注油,烧至四成热,倒入腊鸭块,拌匀,用中火炸出香味,捞出材料,沥干油,待用。

2. 用油起锅,倒入蒜末、豆豉,爆香,放入辣椒粉,注入清水,煮至沸,再淋上生抽,调成味汁。

3. 取一个蒸盘,放入炸好的腊鸭块,摆好,再盛出锅中的味汁,均匀地浇在盘中。

4. 蒸锅注水烧开,放入蒸盘,盖上盖,用中火蒸约15分钟,至食材入味,取出,撒上葱花即可。

小贴士 腊鸭含有蛋白质、维生素B₁、维生素B₂、烟酸、钙、磷、铁等营养成分,具有补血行水、养胃生津等功效。

香芋蒸鹅

材料 鹅肉400克,芋头200克,蒸肉米粉60克,青蒜叶10克,姜片、香菜碎各5克

调料 盐3克,鸡粉2克,蚝油3克,料酒、生抽各8毫升,食用油适量

相宜 鹅肉+冬瓜 补脾健胃、清热消火　　鹅肉+柠檬 益气补虚、暖胃生津

1. 将洗净去皮的芋头切开,再切小块;鹅肉斩小块。

2. 鹅肉中放入料酒、姜片、生抽、鸡粉、盐、蚝油、食用油,拌匀腌渍10分钟,再加入蒸肉米粉,拌匀。

3. 取一个蒸盘,放入芋头块,铺上洗净的青蒜叶,再盛入搅拌好的食材,摆好盘。

4. 备好电蒸锅,烧开水后放入蒸盘,盖上盖,蒸约30分钟至熟透,取出,撒上香菜碎即可。

小贴士 鹅肉营养丰富,含有蛋白质、卵磷脂、B族维生素、钙、镁、铁等营养成分,具有益气补虚、和胃止渴、止咳化痰等作用。

香菇蒸鹌鹑

| 材料 | 鹌鹑200克，红枣40克，水发香菇90克，姜片、葱段各少许，水淀粉10毫升 | 调料 | 料酒5毫升，生抽4毫升，蚝油5克，食用油、盐、鸡粉各适量 |

相宜 鹌鹑肉+辣椒 增进食欲　　鹌鹑肉+菠菜 保护心血管

1. 泡发好的香菇切去柄；处理好的鹌鹑斩块。

2. 取一个碗，放入鹌鹑块、红枣、香菇、姜片、葱段、料酒、生抽，抖匀。

3. 放入蚝油、盐、鸡粉、水淀粉、食用油，拌匀，腌渍10分钟，装入蒸盘中。

4. 蒸锅注水烧开，放入蒸盘，大火蒸25分钟至熟，取出即可。

小贴士　鹌鹑含有蛋白质、脂肪、胆固醇、卵磷脂等成分，具有增强免疫力、益气补虚、利尿消肿等功效。

蒸三色蛋

材料 鸡蛋3个，去壳皮蛋1个

调料 盐3克，鸡粉3克

相宜 鸡蛋+紫菜 有利于营养素的吸收　　鸡蛋+黄豆 降低胆固醇

1. 皮蛋切小块；鸡蛋磕破，将蛋清和蛋黄分别装在两个碗中，备用。

2. 两个碗中依次加入等量的盐、鸡粉、清水，拌匀，制成蛋清液和蛋黄液；取一蒸盘，放入皮蛋摆好，倒入蛋清液。

3. 备好电蒸锅，烧开水后放入蒸盘，蒸约5分钟至蛋清液成型，取出蒸盘。

4. 稍微冷却后倒入蛋黄液，放入烧开的电蒸锅中，再蒸5分钟，取出切小块，装盘摆好即可。

小贴士 　　鸡蛋含有卵磷脂、维生素A、维生素D以及钙、磷、铁等营养成分，对增进神经系统功能、促进智力发育等都大有裨益。

黑木耳枸杞蒸蛋

材料 鸡蛋2个,水发黑木耳1朵,水发枸杞少许

调料 盐2克

相宜 黑木耳+绿豆 降压消暑　　黑木耳+海带 降低血压

1. 洗净的黑木耳切粗条,再改切成块。

2. 取一小碗,打入鸡蛋,加入盐,搅散,倒入适量温水,加入黑木耳,拌匀。

3. 蒸锅注入适量清水烧开,放上碗,加盖,中火蒸10分钟至熟。

4. 揭盖,关火后取出蒸好的鸡蛋,放上枸杞即可。

小贴士 鸡蛋含有蛋白质、卵磷脂、B族维生素、维生素C、钙、铁、磷等营养成分,具有益智健脑、延缓衰老、保护肝脏等功效。

肉末蒸蛋

材料 鸡蛋3个，肉末90克，姜末、葱花各少许

调料 盐2克，鸡粉2克，生抽2毫升，料酒2毫升，食用油适量

相宜 鸡蛋+小米　促进蛋白质的吸收　　鸡蛋+丝瓜　润肺、补肾、美肤

1. 用油起锅，爆香姜末，放入肉末，炒至变色，加入生抽、料酒、一半的鸡粉和盐，炒匀，盛出。

2. 取一小碗，打入鸡蛋，加入剩余的盐、鸡粉，打散调匀，分次注入适量温开水，调成蛋液。

3. 取蒸碗，倒入蛋液，撇去浮沫；蒸锅注水烧开，放入蒸碗。

4. 盖上锅盖，用中火蒸约10分钟至熟，取出，撒上炒好的肉末，点缀上葱花即可。

小贴士 鸡蛋中的卵磷脂可促进肝细胞的再生，还可提高人体血浆蛋白量，增强机体的代谢功能和免疫功能。

虾米干贝蒸蛋羹

| 材料 | 鸡蛋120克，水发干贝40克，虾米90克，葱花少许 | 调料 | 生抽5毫升，芝麻油、盐各适量 |

相宜　虾米+燕麦　　有利牛磺酸的合成　　虾米+韭菜花　防治夜盲、干眼、便秘

1.取一个碗，打入鸡蛋，搅散，加入盐，注入适量温水，搅匀。

2.将蛋液倒入蒸碗中，放入已注水烧开的蒸锅中，盖上锅盖，中火蒸5分钟至熟。

3.掀开锅盖，在蛋羹上撒上虾米、干贝，盖上盖，续蒸3分钟至入味。

4.掀开锅盖，取出蛋羹，淋上生抽、芝麻油，撒上少许葱花即可。

小贴士　虾米含有钾、碘、镁、磷、维生素A、氨茶碱等成分，具有补充钙质、开胃消食、增强免疫力等功效。

牛奶蒸鸡蛋

| 材料 | 鸡蛋2个,牛奶250毫升,提子、哈密瓜各适量 | 调料 | 白糖少许 |

相宜 提子+橙　预防贫血、排毒养颜　　提子+粳米　美容养颜

1. 把鸡蛋打入碗中,打散调匀;洗净的提子对半切开,哈密瓜挖成小球状,装入盘中,待用。

2. 把白糖倒入牛奶中,搅匀,加入蛋液中,搅拌均匀,待用。

3. 取出电饭锅,倒入清水,放上蒸笼,放入牛奶蛋液,盖上盖子,按下"功能"键,选定"蒸煮"功能,设定时间为20分钟,开始蒸煮。

4. 断电,打开盖子,取出蒸蛋,放上提子和哈密瓜即可。

小贴士 鸡蛋和牛奶都是富含营养的食物,鸡蛋中多种氨基酸,对人体的新陈代谢起着重要作用,可帮助人体生长;牛奶钙质丰富,能够强健骨骼。两者融合蒸成蛋羹,再配上新鲜的哈密瓜和提子,可谓是一道清爽的营养佳品。

藕汁蒸蛋

| 材料 | 鸡蛋120克，莲藕汁200毫升，葱花少许 | 调料 | 生抽5毫升，盐、芝麻油各适量 |

相宜 鸡蛋+韭菜　补肾、行气　　鸡蛋+菠菜　提高维生素B_{12}的吸收

1.取一个大碗，打入鸡蛋，搅散，倒入莲藕汁，拌匀。

2.加入盐，搅匀调味，倒入备好的蒸碗中。

3.蒸锅上火烧开，放上蛋液，盖上锅盖，大火蒸12分钟至熟。

4.掀开锅盖，取出蒸蛋，淋入生抽、芝麻油，撒上葱花即可。

小贴士　鸡蛋含有卵磷脂、钙、磷、铁、维生素A、维生素D等成分，具有益智健脑、增强视力等功效。

鲜虾豆腐蒸蛋羹

材料 豆腐260克,虾仁80克,葱花3克,鸡蛋液120克

调料 盐3克,料酒5毫升,芝麻油5克,生抽10毫升

相宜 鸡蛋+香椿　润滑肌肤　　鸡蛋+桂圆　补气养血

1. 豆腐洗净,切小方块;虾仁洗净装碗,加入料酒、芝麻油、少许的盐拌匀,腌渍一会儿。

2. 鸡蛋液装入碗,注入适量清水,撒上余下的盐,搅散,制成蛋液。

3. 取一蒸盘,放入豆腐块、蛋液、虾仁,摆好造型,再放入烧开的蒸锅中。

4. 盖盖,蒸约10分钟至熟透,揭盖,取出蒸盘,趁热淋入生抽,撒上葱花即可。

小贴士 豆腐含有蛋白质、叶酸、烟酸以及铁、镁、钾、铜、钙、锌等营养成分,具有益气和中、生津润燥、清热解毒等功效。

蚝油黄瓜蒸咸蛋

材料 黄瓜150克,咸蛋黄60克,水淀粉、葱花、蒜末各少许

调料 盐、鸡粉各2克,蚝油10克,芝麻油5毫升,食用油适量

相宜 黄瓜+黑木耳 排毒瘦身、补血养颜　　黄瓜+虾 保肝护肾

1. 黄瓜洗净切段,用雕刻刀在黄瓜段上挖一个孔;咸蛋黄拍扁,再切碎。

2. 取一个小碗,放入咸蛋黄、蒜末、蚝油,拌匀;取一蒸盘,摆放好黄瓜段,将咸蛋黄碎填入黄瓜孔中。

3. 打开电蒸笼,注入清水,放上蒸隔,码好处理好的黄瓜,盖上盖子,蒸10分钟至食材熟透,取出备用。

4. 起油锅,加盐、鸡粉、水淀粉、芝麻油制成芡汁,浇在黄瓜上,撒上葱花即可。

小贴士 黄瓜含有维生素A、维生素C、维生素B₁、叶酸、维生素E、钙、铁、镁、磷、钾、钠、锌等营养成分,具有健脑安神、促进排毒、延缓衰老等功效。咸蛋黄含有蛋白质、卵磷脂、卵黄素、维生素等营养成分,具有养心安神、增强免疫力等作用。

香菇肉末蒸鸭蛋

| 材料 | 香菇45克，鸭蛋2个，肉末200克，葱花少许 | 调料 | 盐3克，鸡粉3克，生抽4毫升，食用油适量 |

相宜 鸭蛋+银耳 滋肾补脑　　鸭蛋+百合 滋阴润肺

1.洗好的香菇切成粒；取一个小碗，将鸭蛋打入碗中，搅散，加入少许盐、鸡粉，倒入适量的温水，搅拌匀。

2.用油起锅，放入肉末，炒至变色，加入香菇粒，炒匀，盛出备用。

3.把蛋液放入烧开的蒸锅中，盖上盖，用小火蒸约10分钟至蛋液凝固。

4.揭开锅盖，把香菇肉末放在蛋羹上，盖上盖，用小火再蒸2分钟，取出，放入葱花，浇上熟油即可。

小贴士 香菇含有嘌呤、胆碱、酪氨酸、氧化酶及某些核酸物质，具有降血压、降血脂的作用，还可预防动脉硬化、肝硬化等疾病。

香菇蒸鹌鹑蛋

| 材料 | 鲜香菇150克,鹌鹑蛋90克,枸杞2克,葱花2克 | 调料 | 盐2克,蒸鱼豉油8毫升 |

相宜　鹌鹑蛋+韭菜　缓解肾虚腰痛、阳痿　　鹌鹑蛋+银耳　补益脾胃、润肺滋阴

 1.将洗净的香菇去柄,铺放在蒸盘中,摆开,再打入鹌鹑蛋,撒上盐,点缀上洗净的枸杞,待用。

 2.备好电蒸锅,烧开水后放入蒸盘。

 3.盖上盖,蒸约20分钟,至食材熟透。

 4.断电后揭盖,取出蒸盘,趁热淋上蒸鱼豉油,撒上葱花即可。

小贴士　鹌鹑蛋被称为"动物中的人参",是较好的食疗滋补品。鹌鹑蛋含有蛋白质、维生素A、维生素E、维生素B₂以及钾、钠、镁、锰、锌等营养成分,具有美容、护肤、补虚、强身等作用。

蒸鱼蓉鹌鹑蛋

材料	熟鹌鹑蛋300克，鱼蓉150克，蛋清25克，葱花、姜末各少许，水淀粉4毫升
调料	盐3克，料酒5毫升，白胡椒粉、鸡粉各适量
相宜	鹌鹑蛋+牛奶　增强免疫力

1.取一个碗，倒入鱼蓉、姜末、葱花、蛋清以及适量的盐、白胡椒粉、水淀粉，搅拌匀。

2.取一个蒸盘，将鱼蓉抓成多个团状，摆放在盘底，放上鹌鹑蛋，待用。

3.蒸锅注水烧开，放入蒸盘，盖上锅盖，中火蒸10分钟至熟，取出。

4.锅中注水，加入剩余的盐、鸡粉、白胡椒粉、料酒，搅匀煮开，倒入少许水淀粉，搅匀调成芡汁，浇入盘内即可食用。

小贴士　鹌鹑蛋含脑磷脂、卵磷脂、赖氨酸、维生素A等成分，具有增强免疫力、促进发育等功效。

豆腐蒸鹌鹑蛋

材料 豆腐200克，熟鹌鹑蛋45克，肉汤100毫升，水淀粉适量

调料 鸡粉2克，盐少许，生抽4毫升，食用油适量

相宜 豆腐+草鱼　补钙

1. 洗好的豆腐切成条形；熟鹌鹑蛋去皮，对半切开。

2. 把豆腐装入蒸盘，挖小孔，再放入半个鹌鹑蛋，摆好，压平，撒上少许盐。

3. 蒸锅注水烧开，放入蒸盘，盖上锅盖，用中火蒸约5分钟至熟，取出蒸盘。

4. 用油起锅，倒入肉汤、生抽、鸡粉、剩余的盐，搅匀，倒入水淀粉，搅匀，制成芡汁，浇在豆腐上即可。

小贴士 鹌鹑蛋含有一种特殊的抗过敏蛋白，能预防因为吃鱼虾发生的皮肤过敏以及一些药物性过敏。

PART 5

鲜香美味蒸水产

古语有云"山珍海味",可见水产在老百姓心中的地位。水产食材来自江河、湖泊以及海洋,因为水的"滋润",它们更加神秘、更加鲜美,当然,也更加滋补。对水产的烹饪,人们都有一个共同的认知,那就是存其鲜美、留其营养,而蒸恰巧就能最大程度地体现出水产的价值。本章精选了生活中常见水产类食材的蒸菜,每一道菜品都简单易做、鲜美滋补,让您轻轻松松就能蒸出鲜美水产菜肴,畅享鲜美好滋味!

梅干菜蒸鱼段

材料 草鱼肉260克，水发梅干菜100克，葱丝、姜丝各5克

调料 盐3克，白糖5克，蒸鱼豉油10毫升，食用油适量

相宜 草鱼+豆腐 增强免疫力

1. 将洗净的梅干菜切碎；洗好的草鱼肉切段，加入盐、白糖腌渍一会儿。

2. 锅置旺火上，倒入梅干菜，炒干水分，盛出，铺在蒸盘中，再摆上草鱼段，撒上姜丝。

3. 备好电蒸锅，烧开水后放入蒸盘，盖上盖，蒸约8分钟，至食材熟透。

4. 断电后揭盖，取出蒸盘，放凉后拣出姜丝，撒上葱丝，浇上热油，淋入蒸鱼豉油即可食用。

小贴士 草鱼含有丰富的不饱和脂肪酸，对血液循环有利，是心血管病人的理想食物；草鱼含有丰富的硒元素，经常食用有抗衰老、养颜的功效，而且对肿瘤也有一定的预防作用。

蒜蓉粉丝蒸鱼片

材料	草鱼120克，水发粉丝100克，蒜末30克，青椒粒40克，红椒粒40克	调料	盐3克，料酒4毫升，白胡椒粉2克，蒸鱼豉油、食用油各适量

相宜	草鱼+冬瓜　祛风、清热、平肝　　草鱼+黑木耳　补虚利尿

 1.将备好的粉丝切成小段；处理好的草鱼切片，装盘，放入盐、料酒、白胡椒粉、粉丝、青椒粒、红椒粒。

 2.热锅注油烧热，倒入蒜末，爆香，将炒好的蒜油浇在食材上。

 3.将电蒸笼接通电源，注入适量清水，放入食材，盖上锅盖，蒸15分钟。

 4.待食材蒸好，掀开锅盖，将食材取出，淋入蒸鱼豉油，即可食用。

小贴士　中医认为，草鱼肉性温、味甘、无毒，常食有补脾暖胃、补益气血、平肝祛风的功效。

陈皮蒸泥猛

| 材料 | 泥猛鱼200克，水发陈皮12克，红椒15克，姜丝、葱丝各适量 | 调料 | 盐2克，鸡粉、蒸鱼豉油、食用油各适量 |

| 相宜 | 陈皮+牛肉　防癌抗癌　　陈皮+猪排骨　润肺养肾 |

1.将宰杀处理干净的泥猛鱼表面切上一字花刀；泡发洗好的陈皮去白瓤，切丝；洗好的红椒去籽切丝。

2.将处理好的泥猛鱼装入盘，撒上盐、鸡粉、陈皮、姜丝，放入烧开的蒸锅中。

3.盖上锅盖，用大火蒸7分钟至熟。

4.揭开锅盖，将蒸好的泥猛鱼取出，放上葱丝、红椒丝，浇入蒸鱼豉油，最后浇上少许热油即可食用。

小贴士　陈皮含有挥发油、B族维生素、维生素C等成分，具有温胃散寒、清热解毒、理气健脾的功效，适宜脾胃气滞、食欲不振、咳嗽多痰之人食用，还对糖尿病有一定的食疗作用。

蒸鱼片

材料 福寿鱼肉280克，生粉10克，土豆、胡萝卜各65克，水淀粉、姜丝、葱花各少许

调料 盐3克，鸡粉2克，胡椒粉少许，生抽、食用油各适量

相宜 土豆+辣椒 健脾开胃　　土豆+醋 可清除土豆中的龙葵素

1.将洗净去皮的土豆、胡萝卜均切丁；福寿鱼肉切片，加少许盐、鸡粉及胡椒粉、生粉、姜丝、食用油，腌渍10分钟。

2.蒸锅上火烧开，放入鱼片，盖上盖子，用大火蒸约5分钟至鱼肉熟透，取出。

3.用油起锅，放入胡萝卜丁、土豆丁，炒匀，注入清水，加入剩余的盐、鸡粉、生抽，煮至熟软。

4.倒入水淀粉勾芡，制成酱汁，浇在蒸熟的鱼片上，最后撒上葱花即成。

小贴士 土豆的营养价值很高，含有维生素A、维生素C、矿物质及优质淀粉。此外，土豆还含有木质素，对脾胃虚弱的儿童有较好的食疗作用。

榨菜肉丝蒸福寿鱼

| 材料 | 福寿鱼1条，肉末50克，榨菜30克，红椒丝、姜丝各10克，葱花3克 | 调料 | 盐3克，食用油、蒸鱼豉油、料酒各10毫升，蚝油5克 |

相宜　姜+柑橘　预防感冒和胃寒呕吐　　　姜+甘蔗　清热和胃、润燥生津

 1.处理好的福寿鱼身上划几刀，在鱼身上抹上盐，腌渍10分钟。

 2.取一个小碗，放入肉末、榨菜，加入食用油、红椒丝、蒸鱼豉油、蚝油、料酒，搅拌均匀。

 3.将拌好的肉末塞一些到鱼肚里面，再将剩余的肉末涂在鱼的表面，放上姜丝。

 4.取电蒸锅，注入适量清水烧开，放上福寿鱼，盖上盖，上锅蒸10分钟，取出，撒上葱花即可。

小贴士　福寿鱼含有蛋白质、糖类、胆固醇、钾、磷、硒、钠、B族维生素等营养成分，具有增强免疫力、延缓衰老、促进视力发育等功效。

清蒸福寿鱼

材料 福寿鱼700克,葱丝、姜丝、红椒丝各适量

调料 蒸鱼豉油10毫升,食用油适量

相宜 福寿鱼+排骨 润肺　　福寿鱼+黑木耳 减肥

1.在处理洗净的福寿鱼背部切一字刀,放入盘中,放上少许姜丝,备用。

2.蒸锅注水烧开,放入福寿鱼,盖上盖,用大火蒸10分钟至其熟透。

3.揭盖,取出蒸好的福寿鱼,浇上蒸鱼豉油,放上葱丝、姜丝、红椒丝。

4.另起锅,注入适量食用油烧热,将热油淋在鱼身上,趁热食用即可。

小贴士 福寿鱼中硒含量丰富。硒是心脏代谢不可缺少的元素,具有很强的抗氧化作用。福寿鱼中的营养成分还有利于维持心血管功能、促进血液循环的作用。

老干妈酱蒸鲫鱼

材料	鲫鱼段250克，葱段10克，姜片10克	调料	老干妈辣椒酱15克，盐4克，料酒4毫升，食用油适量

相宜	鲫鱼+豆腐　清心润肺，健脾利胃　　鲫鱼+花生　有利于吸收营养

1. 洗净的鲫鱼段两面各切上一字花刀，加入料酒、老干妈辣椒酱、盐、姜片、葱段、食用油，拌匀，腌渍20分钟。

2. 取出电饭锅，打开锅盖，通电后倒入适量清水，装好蒸笼，放入腌好的鲫鱼。

3. 盖上盖子，按下"功能"键，调至"蒸煮"状态，蒸30分钟至鲫鱼熟软入味。

4. 按下"取消"键，断电打开盖子，戴上隔热手套后取出蒸好的鲫鱼即可食用。

小贴士　鲫鱼是物美价廉的鱼种，其肉质细嫩，营养价值高，含有蛋白质、脂肪，还有大量的钙、磷、铁等矿物质，具有和中补虚、温胃助食、利水除湿等功效。

辣蒸鲫鱼

| 材料 | 净鲫鱼350克,红椒35克,姜片15克,葱丝、姜丝、葱段各少许 | 调料 | 盐3克,胡椒粉少许,蒸鱼豉油、食用油各适量 |

相宜 鲫鱼+黑木耳　补充核酸、抗老化　　鲫鱼+黄豆芽　通乳汁

1. 将处理干净的鲫鱼切上花刀;洗净的红椒切丁;鲫鱼放入盘中,加入盐、胡椒粉、食用油,腌渍一会儿。

2. 取一蒸盘,铺上葱段,放入鲫鱼,撒上红椒丁、姜片,摆好。

3. 蒸锅注水烧开,放入蒸盘,盖上盖,用大火蒸约8分钟,至食材熟透。

4. 关火后揭盖,取出蒸盘,拣去姜片,撒上葱丝、姜丝,浇上热油,淋入蒸鱼豉油即可。

小贴士 鲫鱼含有蛋白质、维生素A、维生素B_1、维生素B_2、维生素B_{12}、烟酸、钙、磷、铁等营养成分,具有和中补虚、温胃进食之功效。

萝卜芋头蒸鲫鱼

| 材料 | 净鲫鱼350克,白萝卜、芋头、姜蒜末、姜片、葱段、干辣椒、葱姜丝、红椒丝、豆豉、花椒各适量 | 调料 | 盐4克,白糖少许,生抽3毫升,料酒6毫升,食用油适量 |

| 相宜 | 鲫鱼+绿豆芽 通乳汁 鲫鱼+蘑菇 利尿美容 |

1.将去皮洗净的白萝卜切丝;去皮洗净的芋头切片;处理干净的鲫鱼切上刀花;洗好的豆豉切碎。

2.把切好的鲫鱼装盘,撒上少许盐、料酒,在刀口处塞入姜片,腌渍约15分钟。

3.用油起锅,倒入豆豉、干辣椒、姜蒜末、葱段、生抽、白糖及剩余的盐,炒匀,盛出,制成酱汁。

4.取蒸盘,放入萝卜丝、芋头片、鲫鱼,倒入酱汁,于蒸锅中大火蒸10分钟,取出,撒葱姜丝、红椒丝;花椒用油炸香,浇在菜肴上即可。

小贴士 鲫鱼肉质细嫩,营养价值较高,含有蛋白质、维生素A、维生素B_1、维生素B_2、钙、磷、铁等营养物质,具有和中补虚、温胃进食、补中生气等功效。

豉汁蒸脆皖

| 材料 | 脆皖鱼300克，豆豉60克，青椒、红椒、姜末、蒜末、葱花各适量 | 调料 | 盐、鸡粉各2克，料酒、生抽各5毫升，食用油适量 |

相宜 脆皖鱼+豆腐　增强免疫力　　脆皖鱼+冬瓜　祛风、清热

 1. 洗净的红椒、青椒均切开，去籽切成丁；处理好的脆皖鱼切块。

 2. 取一个小碗，放入豆豉、姜末、蒜末、青椒丁、红椒丁，拌匀，加入盐、料酒、生抽、鸡粉，用筷子搅拌均匀，倒在脆皖鱼块上。

 3. 蒸锅中注入适量清水烧开，放入脆皖鱼，加盖，中火蒸10分钟至熟，取出，撒上葱花。

 4. 用油起锅，注入适量食用油，烧至七成热，淋在脆皖鱼上即可。

小贴士 脆皖鱼含有蛋白质、多种维生素及钙、磷、铁等营养成分，具有增强免疫力、益气健脾、清热解毒、利水消肿等功效。

豉油清蒸武昌鱼

| 材料 | 武昌鱼680克，葱段、姜片、葱丝、红彩椒丝各少许 | 调料 | 蒸鱼豉油15毫升，盐3克，料酒10毫升，食用油适量 |

| 相宜 | 姜+藕　防治夏季胃肠时令病　　姜+红茶　补脾、养血、安神、解郁 |

1.在洗净的武昌鱼两面均划上一字花刀，撒入盐、料酒，塞入葱段、姜片，用一双筷子交叉撑起武昌鱼。

2.蒸锅注水烧开，放上武昌鱼，加盖，用大火蒸12分钟至熟，揭盖，取出蒸好的武昌鱼。

3.取出筷子，将武昌鱼盛入备好的盘中，撒入葱丝、红彩椒丝，待用。

4.另起锅注油，烧至五六成热，关火后将热油浇在鱼身上，最后淋入蒸鱼豉油即可食用。

小贴士　武昌鱼含有蛋白质、糖类、钙、磷、铁、维生素B_{12}等营养物质，具有预防贫血、低血糖、高血压等功效。

剁椒武昌鱼

材料 武昌鱼650克，剁椒60克，姜块、葱段、葱花、蒜末各少许

调料 鸡粉1克，白糖3克，料酒5毫升，食用油适量

相宜 武昌鱼+香菇　促进钙的吸收

 1.处理干净的武昌鱼切成段；取一蒸盘，放入姜块、葱段，将鱼头摆在盘子边缘，鱼段摆成孔雀开屏状。

 2.备一小碗，倒入剁椒、料酒、白糖、鸡粉，拌匀，淋到武昌鱼身上，备用。

 3.蒸锅中注入清水，烧开，放上武昌鱼，加盖，用大火蒸8分钟至熟，取出，撒上蒜末、葱花。

 4.另起锅注油，烧至五成热，浇在蒸好的武昌鱼身上即可。

 小贴士　武昌鱼是高蛋白、低胆固醇食物，有预防贫血、低血糖、高血压和动脉粥样硬化等功效。

梅菜腊味蒸带鱼

材料 带鱼130克,水发梅干菜90克,红椒35克,青椒35克,腊肠60克,蒜末少许

调料 老干妈辣椒酱20克,料酒5毫升,生抽4毫升,盐2克,白糖、食用油各适量

相宜 带鱼+香菇 促进消化　　带鱼+牛奶 健脑补肾、滋补强身

1. 洗净的红椒、青椒去籽切粒;腊肠切丁;梅干菜对半切开;处理好的带鱼身上切上一字花刀。

2. 取一个盘子,铺上梅干菜、带鱼。

3. 取一个小碗,倒入腊肠、红椒、青椒、蒜末、老干妈辣椒酱、料酒、生抽、盐、白糖、食用油,拌匀,浇在带鱼上。

4. 蒸锅注水烧开,放入带鱼,盖上锅盖,大火蒸10分钟至熟透,掀开锅盖,取出即可。

小贴士 带鱼含有丰富的镁元素,对心血管系统有很好的保护作用,有利于预防高血压、心肌梗死等心血管疾病。常吃带鱼还有养肝补血、泽肤养发的功效。

家常蒸带鱼

材料 带鱼250克,葱段、葱花、姜丝各少许

调料 盐2克,料酒10毫升,蒸鱼豉油少许,食用油适量

相宜 带鱼+木瓜 补气养血　带鱼+香菇 促进消化

 1.洗好的带鱼切段,再切上花刀,放入盐、料酒,拌匀,腌渍15分钟。

 2.将带鱼段装入盘,放上姜丝、葱段。

 3.放入烧开的蒸锅中,用大火蒸10分钟至熟。

 4.取出带鱼,撒上葱花,淋入热油,倒入蒸鱼豉油即可。

小贴士 带鱼含有蛋白质、维生素A、磷、钙、铁、碘等营养成分,具有暖胃、泽肤、补气、养血、强心、补肾等功效。

柠檬清蒸鳕鱼

材料	鳕鱼肉270克，洋葱40克，柠檬30克，朝天椒25克，香菜段、蒜末各少许	调料	盐3克，白胡椒粉少许，蚝油适量，生抽4毫升

相宜　鳕鱼+香菇　补脑健脑　　鳕鱼+辣椒　增进食欲

1.将洗净的洋葱切丝；洗好的朝天椒切圈。

2.把朝天椒圈装碗，加蒜末、清水、生抽、蚝油、盐、白胡椒粉，挤入柠檬汁，调匀，入锅煮沸，制成辣味汁，待用。

3.备好电蒸锅，烧开后放入洗净的鳕鱼肉，盖上盖，蒸约10分钟，至食材熟透。

4.断电后揭盖，取出蒸好的菜肴，撒上洋葱丝，倒入煮好的辣味汁，最后装饰上香菜段即成。

小贴士　鳕鱼含有蛋白质、B族维生素、维生素A、钙、磷、钠、铁、硒等营养元素，具有补血止血、清热消炎等作用。

豉香葱丝鳕鱼

材料 鳕鱼230克,葱丝、红椒丝各少许

调料 蒸鱼豉油10毫升,盐2克,料酒5毫升,食用油适量

相宜 鳕鱼+豆腐 提高蛋白质的吸收率　　鳕鱼+西蓝花 防癌抗癌

 1.洗净的鳕鱼中加入盐、料酒,拌匀,腌渍10分钟。

 2.取出电蒸锅注适量清水,将腌好的鳕鱼装盘,放入电蒸锅中,蒸12分钟至熟。

 3.取出鳕鱼,在鳕鱼表面摆上葱丝、红椒丝,淋上蒸鱼豉油。

 4.热锅注油,烧至六七成热,将热油淋在鳕鱼上即可食用。

小贴士 鳕鱼肉中含有球蛋白、白蛋白及含磷的核蛋白,并含有儿童发育所必需的各种氨基酸,具有促进吸收、补充营养等功效。

豆豉小米椒蒸鳕鱼

| 材料 | 鳕鱼肉300克,豆豉15克,小米椒5克,姜末3克,蒜末5克,葱花3克 | 调料 | 盐5克,料酒5毫升,蒸鱼豉油10毫升,食用油适量 |

相宜 姜+红糖 预防感冒　　姜+羊肉 温中补血、调经散寒

1.将洗净的鳕鱼肉装入蒸盘中,用盐和料酒抹匀两面,小米椒切圈。

2.撒上姜末,放入洗净的豆豉,倒入蒜末、小米椒。

3.备好电蒸锅,烧开水后放入蒸盘,盖上盖,蒸约8分钟,至食材熟透,断电后揭盖,取出蒸盘。

4.撒上葱花,浇上热油,淋入蒸鱼豉油即可。

小贴士 　　鱼肉中含有丰富的镁元素,对心血管系统有很好的保护作用,有利于预防高血压、心肌梗死等心血管疾病。

鲜味鲮鱼丸

| 材料 | 陈皮末10克,鲮鱼肉泥500克,肥肉丁100克,食粉、生粉、葱花、荸荠粉各适量 | 调料 | 盐2克,鸡粉2克,芝麻油3毫升,食用油适量 |

相宜　鲮鱼+葛根　清热去火

1. 食粉中加少许清水搅匀,加入鱼肉泥里,拌至起浆,放入盐、鸡粉、清水、陈皮、部分葱花,拌匀。

2. 将生粉与荸荠粉混合,加少许清水,搅匀,加入鱼肉泥中,再放入肥肉丁、食用油、芝麻油,拌匀,制成丸子馅料。

3. 取一盘子放入蒸笼,放入剩余的葱花垫底,把馅料捏成小球状,放入蒸盘中。

4. 将蒸盘放入烧开的蒸锅,大火蒸10分钟,取出即可。

小贴士　鲮鱼含有蛋白质、维生素A、钙、镁、硒等营养元素,具有益气血、健筋骨、通小便等作用。

清蒸开屏鲈鱼

材料	鲈鱼500克,姜丝、葱丝、彩椒丝各少许
调料	盐2克,鸡粉2克,胡椒粉少许,蒸鱼豉油少许,料酒8毫升、食用油适量

相宜　鲈鱼+姜　补虚养身、健脾开胃　　鲈鱼+胡萝卜　延缓衰老

1. 将处理好的鲈鱼切去背鳍,再切下鱼头,鱼背部切一字刀,切相连的块状。

2. 把鲈鱼装入碗中,放入盐、鸡粉、胡椒粉、料酒,腌渍10分钟。

3. 把鲈鱼放入盘,摆放成孔雀开屏的造型,放入烧开的蒸锅中,用大火蒸7分钟,取出蒸好的食材。

4. 撒上姜丝、葱丝,再放上彩椒丝,浇上少许热油,最后加入蒸鱼豉油即可。

小贴士　鲈鱼有很高的营养价值,含有蛋白质、维生素、钙、磷、铁、铜和氧化酶等营养成分,具有降低胆固醇、降血脂的作用,是高血脂患者的理想食材。

豉汁蒸鲈鱼

材料 鲈鱼500克，豆豉25克，红椒丝10克，葱丝、姜丝各少许

调料 料酒10毫升，盐3克，生抽、食用油各适量

相宜 鲈鱼+南瓜 预防感冒　　鲈鱼+人参 增强记忆力、促进代谢

1.处理好的鲈鱼背上划上一字花刀，放入料酒、盐，抹匀，腌渍10分钟。

2.蒸锅注水烧开，放上鲈鱼，盖上锅盖，中火蒸2分钟左右。

3.掀开锅盖，撒上豆豉，盖上锅盖，用中火续蒸6分钟后取出，放上姜丝、葱丝、红椒丝。

4.热锅注油，大火烧热，浇在鱼身上，再淋上生抽即可食用。

小贴士 鲈鱼含有蛋白质、B族维生素、维生素A、钙、镁、锌等成分，具有开胃消食、增强免疫力、补中益气等功效。

葱香蒸鳜鱼

材料 鳜鱼1条，姜丝、红椒丝各3克，葱丝、姜片各10克

调料 蒸鱼豉油10毫升，盐3克，食用油适量

相宜 鳜鱼+白菜 增强造血功能　　鳜鱼+荸荠 凉血解毒、利尿通便

1.处理好的鳜鱼切开背部，两面分别抹上盐，腌渍10分钟；取一空盘，放上两根筷子，再放上鳜鱼、姜片。

2.取电蒸锅，注入适量清水烧开，放入鳜鱼，盖上盖，将时间调至10分钟。

3.揭盖，取出蒸好的鳜鱼，倒出多余的水分，取出筷子、姜片，放上姜丝、葱丝、红椒丝。

4.用油起锅，中小火将油烧至八成热，关火后将油淋到鳜鱼上面，再淋入蒸鱼豉油即可。

小贴士　　鳜鱼含有蛋白质、胆固醇、磷、钾、钠、钙、硒、脂肪、维生素A、烟酸等营养成分，具有健脾止泻、增强免疫力、促进消化等功效。

野山椒末蒸秋刀鱼

| 材料 | 净秋刀鱼190克，泡小米椒45克，红椒圈15克，蒜末、葱花各少许，生粉12克 | 调料 | 鸡粉2克，食用油适量 |

相宜 秋刀鱼+豆腐 促进钙的吸收　秋刀鱼+孜然 润肺

1. 在秋刀鱼的两面切上花刀，待用；泡小米椒剁成末，加蒜末、鸡粉、生粉、食用油，拌匀，制成味汁。

2. 取一个蒸盘，摆上切好的秋刀鱼，淋入备好的味汁，铺匀，撒上红椒圈，待用。

3. 蒸锅注水烧开，放入装有秋刀鱼的蒸盘，盖上盖，用大火蒸8分钟，至食材熟透。

4. 关火后揭开盖子，取出蒸好的秋刀鱼，趁热撒上葱花，淋上少许热油即成。

小贴士 秋刀鱼含有丰富的蛋白质、脂肪酸，而脂肪酸多以不饱和脂肪酸为主。糖尿病患者食用秋刀鱼，有抑制血压升高、帮助分解糖类物质等作用。

豉油清蒸多宝鱼

材料	多宝鱼1条，姜丝、红椒丝各3克，葱丝、姜片各10克	调料	蒸鱼豉油10毫升，食用油适量

相宜	姜+柑橘 可预防感冒和胃寒呕吐　　姜+鸭肉 有降火的功效

 1.洗好的多宝鱼两面分别划上几刀；取一空盘，将筷子呈十字架形状摆放好，放入多宝鱼、姜片。

 2.取电蒸锅，注水烧开，放入多宝鱼，盖上盖，将时间调至10分钟。

 3.揭盖，取出蒸好的多宝鱼，取出筷子、姜片，放上姜丝、葱丝、红椒丝。

 4.用油起锅，中小火将油烧至八成热，淋到多宝鱼上面，再淋入蒸鱼豉油即可。

小贴士 多宝鱼含有B族维生素、维生素A、铁、钙、磷、镁、蛋白质、无机盐等营养成分，具有益气补血、降低胆固醇、保护心血管等功效，其中含有的镁元素对心血管系统有很好的保护作用，有利于预防高血压、心肌梗死等心血管疾病。

柠檬蒸乌头鱼

| 材料 | 乌头鱼400克,香菜15克,柠檬30克,红椒25克 | 调料 | 鱼露25毫升 |

相宜　柠檬+盐　治疗伤寒　　柠檬+蜂蜜　清热解毒

1.洗好的红椒切圈;洗净的香菜切末;洗好的柠檬切片;处理干净的乌头鱼斩去鱼鳍,从背部切开。

2.在碗中倒入适量鱼露,放入部分柠檬片、红椒圈,调成味汁,备用。

3.取一个蒸盘,放入乌头鱼,撒上部分切好的香菜,放上余下的柠檬片,摆好红椒圈,待用。

4.蒸锅注水烧开,放入蒸盘,盖上锅盖,用中火蒸约15分钟至熟,取出,撒上余下的香菜,配上味汁即可食用。

小贴士　柠檬含有维生素B₁、维生素B₂、维生素C、烟酸、糖类、钙、磷、铁等营养成分,具有增强免疫力、生津止渴、化痰止咳等功效。

剁椒蒸鱼头

材料 鱼头1个，剁椒50克，蒜末、姜末、葱花各3克

调料 盐、白糖各3克，老干妈辣椒酱10克，鸡粉2克

相宜 鱼头+党参　健脾养胃　　鱼头+豆腐　补钙

1.将切好的鱼头两边分别抹上盐，腌渍10分钟待用。

2.取一空碗，倒入剁椒、老干妈辣椒酱、蒜末、姜末，加入白糖、鸡粉，搅拌均匀，制成调料。

3.将拌好的调料倒在腌好的鱼头上面，备用。

4.取电蒸锅，注入适量清水烧开，放入鱼头，盖上盖，将时间调至10分钟，蒸熟取出，撒上葱花即可。

小贴士 鱼头含有蛋白质、胆固醇、维生素A、钙、磷、钠、钾、镁等营养成分，具有益智健脑、预防心血管疾病、促进新陈代谢等功效。

老干妈酱蒸腊鱼

| 材料 | 腊鱼块100克，姜片、葱段各少许 | 调料 | 老干妈辣椒酱40克，鸡粉1克，料酒5毫升 |

相宜 腊鱼+豆豉　开胃消食

 1.沸水锅中倒入腊鱼块，煮一会儿，捞出，沥干水分，装碗。

 2.往腊鱼上加入老干妈辣椒酱、姜片、葱段。

 3.放入料酒、鸡粉，拌匀，腌渍片刻至入味。

 4.蒸锅注水烧开，放上腊鱼块，加盖，用大火蒸10分钟至熟，取出蒸好的腊鱼即可。

小贴士　　腊鱼风味独特、耐贮藏，一般由鲫鱼、草鱼、鲤鱼等鱼类洗净腌制晒干而成。它含有蛋白质、维生素A、磷、钙、铁等成分，有增进食欲的作用。

生蒸鳝鱼段

材料 鳝鱼300克,红椒35克,姜片、蒜末、葱花各少许,生粉6克

调料 盐2克,料酒3毫升,鸡粉2克,胡椒粉、生抽、食用油各适量

相宜 鳝鱼+青椒 降低血糖　　鳝鱼+藕 保持体内酸碱平衡

1.洗净的红椒去籽,切粒;宰杀处理干净的鳝鱼去头,切成段。

2.鳝鱼肉装碗,放入蒜末、姜片、红椒粒、盐、料酒、鸡粉、胡椒粉、生抽、生粉、食用油,拌匀,腌渍15分钟。

3.把鳝鱼段装入盘,放入烧开的蒸锅,用中火蒸10分钟至熟。

4.把蒸好的鳝鱼取出,浇上少许热油,撒上葱花即可食用。

小贴士 　　鳝肉中独具的鳝鱼素,有降低并调节血糖的功能;鳝鱼肉中的维生素A可以改善视力,促进皮肤的新陈代谢。

豉汁蒸白鳝

材料 白鳝鱼200克，红椒10克，豆豉12克，生粉、姜片、葱花各少许

调料 盐3克，鸡粉2克，白糖3克，蚝油、料酒、生抽、食用油各适量

相宜 白鳝鱼+青椒　促进维生素C的吸收　　白鳝鱼+小葱　护肝、养血

1. 处理干净的白鳝鱼切块；洗净的红椒切丁；豆豉剁成细末。

2. 鳝鱼片加红椒粒、豆豉、姜片、生抽、料酒、蚝油、鸡粉、盐、白糖、生粉，拌匀，加入食用油，腌渍。

3. 蒸盘放入鳝鱼片；蒸锅注水烧开，放入蒸盘，用大火蒸约8分钟。

4. 关火后取出蒸好的食材，撒上葱花，最后浇上少许热油即成。

小贴士　　白鳝鱼含有DHA和卵磷脂，两者均是脑细胞不可缺少的营养物质，具有补脑健身的作用。它还含有蛋白质、脂肪及维生素，适宜身体虚弱、食欲不振、营养不良的儿童食用。

豆豉剁椒蒸泥鳅

| 材料 | 泥鳅250克,豆豉20克,剁椒40克,朝天椒20克,姜末、葱花、蒜末各少许 | 调料 | 盐2克,鸡粉2克,料酒5毫升,食用油适量 |

相宜 泥鳅+豆腐　增强免疫力　　泥鳅+甜椒　降低血糖

1.热锅注油烧热,倒入处理好的泥鳅,炸至金黄色,捞出,沥干油。

2.在泥鳅中放入豆豉、剁椒、姜末、蒜末、朝天椒、盐、鸡粉、料酒、食用油,拌匀。

3.蒸锅注水烧开,放入泥鳅,大火蒸10分钟至入味。

4.取出蒸好的泥鳅,撒上备好的葱花即可。

小贴士 泥鳅含有蛋白酶、蛋白质、矿物质、维生素B_1、维生素B_2等成分,具有暖中益气、清利小便、解毒收痔等功效。

粉丝蒸蛏子

材料 净蛏子200克，水发粉丝125克，蒜末10克，葱花、姜片各5克

调料 白糖3克，蒸鱼豉油10毫升，食用油适量

相宜 蛏子+黄酒 改善产后虚损、少乳　　蛏子+西瓜 治疗中暑、血痢

1.取一蒸盘，倒上洗净的粉丝，铺好，放入处理干净的蛏子，摆好造型，待用。

2.用油起锅，撒上蒜末、姜片，爆香，加入白糖，快速拌匀，调成味汁，浇在蛏子上，待用。

3.备好电蒸锅，烧开水后放入蒸盘，盖上盖，蒸约15分钟，至食材熟透。

4.断电后揭盖，取出蒸盘，趁热浇上蒸鱼豉油，撒上葱花即可。

小贴士 蛏子是一种较为常见的海鲜，含有蛋白质、维生素A以及钙、镁、铁、硒等营养成分，具有补阴、清热、除烦、解酒毒等功效。

清蒸蒜蓉开背虾

材料	鲜虾150克,青椒丁15克,蒜末15克,红椒丁5克	调料	生抽10毫升,食用油适量

相宜：虾+葱　益气、下乳　　虾+香菜　补脾益气

1.将处理干净的鲜虾对半切开,去除虾线,再做成开背虾的形状；取蒸盘,放入切好的鲜虾,摆好造型。

2.用油起锅,撒上少许蒜末,爆香,倒入青、红椒丁,炒匀,浇在虾上,再倒入余下的蒜末,摆好盘。

3.备好电蒸锅,烧开水后放入蒸盘,盖上盖,蒸约8分钟,至食材熟透。

4.断电后揭盖,取出蒸盘,趁热淋上生抽即可。

小贴士：虾含有蛋白质、膳食纤维、维生素A、维生素B_2、烟酸、维生素E以及钙、钾、钠、磷、锌、硒等营养元素,具有保护心血管系统、益气滋阳、通络止痛、开胃化痰等功效。

清蒸濑尿虾

| 材料 | 濑尿虾300克，姜丝、葱段、红椒丝各少许 | 调料 | 蒸鱼豉油10毫升，食用油适量 |

相宜　濑尿虾+豆腐　利于消化　　濑尿虾+西蓝花　补脾和胃、补肾固精

1. 取一蒸盘，摆放好处理好的濑尿虾，待用。

2. 蒸锅中注入适量清水烧开，放上濑尿虾，加盖，大火蒸20分钟至濑尿虾熟。

3. 揭盖，关火后取出蒸好的濑尿虾，放上葱段、姜丝、红椒丝，待用。

4. 锅置于火上，注油，将油烧至七成热，关火后把油浇在虾身上，倒入蒸鱼豉油即可。

小贴士　濑尿虾含有蛋白质、维生素A、维生素C、钙、镁、硒、铁、铜等营养成分，具有益气补血、清热明目、降血脂等功效。

黑白蒜蓉蒸虾

| 材料 | 去头基围虾300克,黑蒜2颗,蒜末少许 | 调料 | 盐、胡椒粉各1克,料酒5毫升,食用油适量 |

相宜 虾+猪肝 防治肾虚、月经过多　　虾+韭菜 滋补阳气

1.黑蒜切碎,待用;在洗净的基围虾背部划开一刀,取出虾线。

2.取一个大碗,放入处理干净的虾,加入盐、料酒、胡椒粉、黑蒜、蒜末、食用油,拌匀腌渍10分钟,装入盘中。

3.蒸锅注水烧开,放上腌好的虾。

4.加盖,用中火蒸8分钟至熟,揭盖,取出蒸好的虾即可食用。

小贴士 黑蒜含有钙、镁、铁、钠、钾、锌、B族维生素等营养成分,具有增强体力、缓解便秘、保护肝脏、降三高、防癌抗癌等功效。

蒜蓉粉丝蒸鲜虾

| 材料 | 净虾150克，水发粉丝170克，青、红椒丁10克，蒜末10克，姜末5克，葱花3克 | 调料 | 盐3克，白糖3克，生抽5毫升，料酒5毫升，食用油适量 |

相宜 虾+燕麦　护心解毒　　虾+丝瓜　润肺、补肾、美肤

1. 将洗净的粉丝切段；处理干净的虾切开，去除虾线，加入料酒、盐，拌匀，腌渍约5分钟。

2. 取一个蒸盘，放入粉丝段，倒入腌渍好的虾，摆好造型，备用。

3. 用油起锅，撒上备好的蒜末、姜末，爆香，放入青、红椒丁，撒上白糖，拌匀，浇在虾上面。

4. 备好电蒸锅，烧开水后放入蒸盘，盖上盖，蒸约6分钟，取出，撒上葱花，淋入生抽即可。

小贴士 虾中镁的含量较高，可减少血液中胆固醇含量，防止动脉硬化，能很好地保护心血管系统，同时还能扩张冠状动脉，有利于预防高血压及心肌梗死。

姜葱蒸小鲍鱼

材料 小鲍鱼6只,红椒丁15克,葱花5克,蒜末15克,姜丝10克

调料 盐2克,蒸鱼豉油10毫升,食用油适量

相宜 鲍鱼+豆豉 滋阴益精、下乳　鲍鱼+葱 滋阴益精

1.处理好的小鲍鱼肉两面上划上花刀,撒上盐后再放入壳中。

2.用油起锅,倒入备好的红椒丁、蒜末、姜丝,翻炒爆香,浇在鲍鱼上。

3.电蒸锅注水烧开,放入小鲍鱼,盖上锅盖,蒸8分钟。

4.蒸熟后,掀开锅盖,取出鲍鱼,淋上蒸鱼豉油,撒上葱花即可。

小贴士 鲍鱼中含有多种维生素,其中维生素A含量最为丰富。维生素A可保护皮肤健康、视力健康以及增强免疫力,是促进生长发育的关键营养素。

蒜蓉粉丝蒸鲍鱼

| 材料 | 鲍鱼150克,水发粉丝50克,蒜末、葱花各少许,生粉8克 | 调料 | 盐2克,鸡粉少许,生抽3毫升,芝麻油、食用油各适量 |

| 相宜 | 鲍鱼+枸杞　　益肝肾、补虚损　　鲍鱼+白萝卜　滋阴清热、平肝滋阳 |

1.洗净的粉丝切成小段;鲍鱼的肉和壳分开,洗净,肉上切花刀。

2.蒜末中加入盐、鸡粉、生抽、食用油、生粉、芝麻油,拌匀,制成调味汁。

3.取一空盘,摆上鲍鱼壳,将鲍鱼肉塞入鲍鱼壳中,放上粉丝、调味汁。

4.蒸锅注水烧开,放入装有鲍鱼的蒸盘,蒸约3分钟,取出撒上葱花,淋上热油即可食用。

小贴士　鲍鱼含有蛋白质、钙、铁、碘和维生素A等营养成分,具有滋阴补阳、止渴解渴的作用,对因糖尿病引起的多饮、多尿等病症都有较好的食疗作用。

田七红花蒸鱿鱼

材料 鱿鱼肉300克，桃仁、红花、田七、姜片、葱段各少许

调料 盐2克，鸡粉2克，料酒5毫升，食用油适量

相宜 鱿鱼+香菇　清热、补血　　鱿鱼+辣椒　均衡营养、帮助消化

1. 洗净的鱿鱼肉切上花刀，改切成块。

2. 取一个蒸碗，倒入鱿鱼块，放入姜片、葱段。

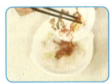

3. 注入水，加入盐、鸡粉、料酒，拌匀，倒入田七、桃仁、红花。

4. 蒸锅上火烧开，放入蒸碗，蒸约20分钟至熟，取出即可。

小贴士 鱿鱼味道鲜美、口感柔滑，含有蛋白质、钙、牛磺酸、磷、维生素B_1等多种营养成分，具有活血、清热、增强人体免疫力等功效。

豉汁蒸蛤蜊

| 材料 | 蛤蜊500克，豆豉30克，朝天椒30克，葱花、姜末各少许 | 调料 | 料酒4毫升，盐2克，鸡粉2克，食用油适量 |

相宜　蛤蜊+豆腐　补气养血　　蛤蜊+鸡蛋　抗衰老、软化血管、防癌

1.锅中注入适量清水大火烧开，倒入蛤蜊，煮片刻去除污物，捞出，沥干水分，摆入盘中。

2.取一个碗，倒入豆豉、姜末、朝天椒，放入料酒、盐、鸡粉、食用油，拌匀，浇在蛤蜊上。

3.蒸锅注水烧开，放入装蛤蜊的盘子，盖上锅盖，大火蒸8分钟至入味。

4.掀开锅盖，将蛤蜊盘取出，将备好的葱花撒上，即可食用。

小贴士　蛤蜊含有蛋白质、脂肪、糖类、铁、钙等成分，具有增进食欲、增强免疫力、利尿消肿等功效。

鲜香蒸扇贝

材料	扇贝6个，洋葱丁20克，红椒丁10克，蒜末10克，葱花5克	调料	蒸鱼豉油8毫升，食用油适量

相宜　扇贝+红酒　补血、降血压　　扇贝+木耳　利尿消炎、防治结石

1. 用油起锅，倒入洋葱丁，放入蒜末，倒入红椒丁，爆香。

2. 将炒好的食材逐一放在洗净的扇贝上。

3. 取出已烧开上气的电蒸锅，放入扇贝，加盖，调好时间旋钮，蒸8分钟至熟。

4. 揭盖，取出蒸好的扇贝，逐一淋入蒸鱼豉油，撒上葱花即可。

小贴士　扇贝中含有蛋白质、维生素E、钾、钙、钠、镁、铁等营养成分，具有健脑、明目、通血、健脾、和胃等功效。

蒜香粉丝蒸扇贝

材料	净扇贝180克,水发粉丝120克,蒜末10克,葱花5克	调料	剁椒酱20克,盐3克,料酒8毫升,蒸鱼豉油10毫升,食用油适量

相宜 扇贝+瘦肉　养脾补虚　　扇贝+鸡蛋　缓解溃疡、益肠道、养胃

1.将洗净的粉丝切段;洗净的扇贝肉加入料酒、盐,拌匀,腌渍约5分钟,去除腥味,待用。

2.取一蒸盘,放入扇贝壳,在扇贝壳上倒入切好的粉丝和腌渍好的扇贝肉,撒上剁椒酱。

3.用油起锅,撒上蒜末,爆香,关火后盛出,浇在扇贝肉上。

4.备好电蒸锅,烧开水后放入蒸盘,盖上盖,蒸约8分钟,取出,浇上蒸鱼豉油,点缀上葱花即可。

小贴士 扇贝中的维生素E和钙的含量较高,不仅能增加眼球壁的弹力、防治近视,而且对抑制皮肤衰老、防止色素沉着、预防皮肤瘙痒等,也有一定的食疗作用。

酒香蒸海蛏

材料 海蛏260克，姜丝8克

调料 盐3克，白酒15毫升

相宜 海蛏+黄酒　改善产后虚损、少乳　　海蛏+西瓜　治疗中暑、血痢

 1.取一蒸碗，放入处理干净的海蛏，码好，淋上白酒，撒上盐，放入姜丝，备用。

 2.备好电蒸锅，烧开水后，放入蒸盘。

 3.盖上盖，蒸约8分钟，至食材熟透。

 4.断电后揭盖，取出蒸盘，稍微冷却后即可食用。

小贴士 海蛏含有蛋白质、糖类、维生素A以及钙、镁、铁等营养成分，具有清热解毒、补阴除烦、益肾利水、清胃治痢、产后补虚等功效。